高弹性电网下的直流偏磁抑制装置应用

主　编　李付林　汪志奕

副主编　李有春　李振华　陈文通

中国水利水电出版社
www.waterpub.com.cn
·北京·

内 容 提 要

本书主要内容由概述、电容型直流偏磁抑制装置检修策略及典型案例、电阻型直流偏磁抑制装置检修策略及典型案例、直流偏磁抑制装置二次系统检修策略及典型案例、直流系统单极大地回线运行方式特征及应对方法五部分组成。

本书可供电网企业输变电工程各级管理人员、技术人员阅读。

图书在版编目（CIP）数据

高弹性电网下的直流偏磁抑制装置应用 / 李付林，汪志奕主编. -- 北京 : 中国水利水电出版社，2021.11
ISBN 978-7-5226-0046-8

Ⅰ. ①高… Ⅱ. ①李… ②汪… Ⅲ. ①直流变压器－研究 Ⅳ. ①TM41

中国版本图书馆CIP数据核字(2021)第269574号

书　名	高弹性电网下的直流偏磁抑制装置应用 GAOTANXING DIANWANG XIA DE ZHILIU PIANCI YIZHI ZHUANGZHI YINGYONG
作　者	主　编　李付林　汪志奕 副主编　李有春　李振华　陈文通
出版发行	中国水利水电出版社 （北京市海淀区玉渊潭南路 1 号 D 座　100038） 网址：www.waterpub.com.cn E-mail：sales@mwr.gov.cn 电话：（010）68545888（营销中心）
经　售	北京科水图书销售有限公司 电话：（010）68545874、63202643 全国各地新华书店和相关出版物销售网点
排　版	中国水利水电出版社微机排版中心
印　刷	清淞永业（天津）印刷有限公司
规　格	184mm×260mm　16 开本　8.75 印张　176 千字
版　次	2021 年 11 月第 1 版　2021 年 11 月第 1 次印刷
定　价	**68.00** 元

本书编委会

主　　编　李付林　汪志奕

副 主 编　李有春　李振华　陈文通

参编人员　李　阳　胡俊华　张　永　朱英伟　吴杰清　陈　亢
郑晓明　王翊之　陈文胜　卢纯义　赵不渝　方旭光
张　波　黄　健　徐建平　钟　伟　华献宏　王旭杰
吴乐军　单　鑫　潘铭航　陈廉政　陈昱豪　潘仲达
楼　坚　张佳铭　洪　欢　刘洁波　张振兴　盛逸标
潘振宇　董明睿　徐　峰　张　双　俞一峰　杨　帆
吴　峰　赵凯美　程　烨　杜文佳　杜悠然　徐阳建
郑晓东　刘松成

前言
FOREWORD

随着高弹性电网的发展，越来越多的可再生能源接入电网，如何利用现有资源，更高效、更安全、更节能地将电力传输给用户是关键问题。随着单极大地回路运行方式等运行方式的出现，直流偏磁会通过变压器中性点返送给变压器，从而造成变压器噪声增大、损耗增加、振动加剧、系统电压波形失真等一系列问题。通过增加主变直流偏磁抑制装置可对上述问题进行相应的调节。而如何对直流偏磁抑制装置进行更好的检修维护，是未来运维检修的重点方向之一。

本书主要内容由概述、电容型直流偏磁抑制装置检修策略及典型案例、电阻型直流偏磁抑制装置检修策略及典型案例、直流偏磁抑制装置二次系统检修策略及典型案例、直流系统单极大地回线运行方式特征及应对方法五部分组成。本书可供电网企业输变电工程各级管理人员、技术人员阅读。

限于作者水平，书中难免有疏漏不妥之处，恳请各位专家读者提出宝贵意见。

作者

2021 年 9 月

目录

CONTENTS

第 1 章　概　　述

1.1　高弹性电网概述

1.1.1　高弹性电网的定义

高弹性电网以机制与技术唤醒了电网中的“沉睡资源”，用互联网、物联网协同资源要素，在面对电力供需平衡大幅波动以及电网故障时，通过各要素之间的弹性高效互动，以自组织、自趋优、自适应的方式应对外部的变化，实现整个电网的资源优化配置。

在可再生能源稳定性差、时域波动较高的状况下，以随动电价为激励信号，不断引导用户与新能源发电匹配，有效避免电力设施的过度投资，唤醒电力系统的“沉睡资源”，改变电网调度方式，提升电网运行效率，让电网更加高效、经济、清洁。高弹性电网是多技术融合、互联网思维加持的产物。通过数据采集、建模、边缘计算、云数据互联、市场机制引导等各个环节的有机结合，实现电网价值共享。电网各个环节的弹性范围往往是有限的，但通过不同环节的有机互联、协同聚合，产生了可观的弹性裕度。通过“源网荷储”的互动共生，以及激励要素的弹性相应，高弹性电网必将不断提升电力系统运行的深度和广度。

1.1.2　高弹性电网的建设背景

传统的电网往往采用“源随荷动”的运营方式，在满足电力平衡约束和一定供电可靠性的要求下，规划电网与电源的容量与布局，运营调度电网与发电机组。如采用这种传统模式，需要预留足够的发电与输电容量冗余以应对故障及负荷波动，但因此也阻碍了电网资产利用率的提高。为保障用电可靠性，如为满足未来一年之内仅出现数十小时的尖峰负荷，也必须投资相应的发电、输电、变电、配电容量并按比例预留备用。相对于全年 8760 小时的基本负荷，应对短时间尖峰负荷时系统的容量利用率低下，电网往往呈现出“大马拉小车”、发输变配电设备利用率不高的窘境。当公众与学者们纷纷指责电力系统投资效率不高的同时，却没有意识到电力系统决策者们头上电网安全的“紧箍咒”和电网企业所承担的保障电力安全可靠供应的重大社会责任。

为协同电力系统提质增效，保障系统安全可靠运行，需求侧管理和需求响应加强了电网和用户的双向通信，可以让源、网、荷深度互动，通过引导用户改变自身用电行为，提升电网设备利用率和消纳新能源的能力。激励用户深度响应的价格机制和通过多能融合扩大用户弹性空间是提升需求侧高弹性的关键；从而使可中断负荷参与电网的紧急控制，以计划的方式给与参与者一定的补偿。以江苏电网为例，他们开启了“源网荷互动”的新模式，降低了预留故障备用的高昂成本；面对发生概率很小的极端故障事件，不再一味地过度预留发电备用而降低供电能力，而是选择中断部分不重要负荷，这是一种唤醒用户“沉睡资源”、提升供电利用率的有效方式。随着电力市场改革的不断推进、物联网技术的广泛应用，多能融合使不同类型的能源实现了彼此替代，也为电力供给提供了更大的弹性空间；供给与需求的融合使传统负荷转变为有源负荷，有源负荷可在外部价格驱动下通过内部协同产生弹性；物理与信息融合唤醒大量“沉睡”在电网各环节的资源，让各要素能够感知全局信息而自组织、自趋优，从而产生更高的聚合弹性。特别是在当前全面推进电力现货市场建设的形势下，技术与机制共同推动电网进入了高弹性时代。

作为能源互联网的一种特殊形态，多元融合高弹性电网具有海量资源唤醒、源—网—荷—储全交互、安全效率双提升等多方面的优势。多元融合高弹性电网不仅可降低组网设备冗余占比，而且通过“大云物移智链”等先进技术手段的应用及深度开发，实现了电网潜力的充分释放，丰富了电网安全运行的调控手段，提升了电网的安全水平和系统运行效率。

多元融合高弹性电网的构建不仅仅是目前各类能源的简单组合，更是能源网系统级发展演变的高级形态，是新能源大规模开发、大范围智能化配置、实现资源高效利用的基础性平台。多元融合高弹性电网将全面提升资源优化配置能力和电网安全性，提升新能源消纳能力，使新能源的大规模接入、传输得到充分的满足，从根本和源头上解决了弃光、弃风等问题。

多元融合高弹性电网从能源生产、传输、消费、市场各个环节协同发力，以再生新能源逐步接替煤、油、气等传统能源，探索出以能源形态转变为主导、电能作为核心传输载体，各单元互通互联，实现绿色、高效、低碳、清洁的能源创新型发展的新道路。多元融合高弹性电网的全面建成既适应了当今我国能源互联网的发展方向，又有力地促进了我国打造“新时代国家电网全面展示具有中国特色国际领先的能源互联网企业的重要窗口”主阵地的发展进程。

1.1.3 多元融合高弹性电网的建设必要性

针对非理想干扰因素对电力系统调节能力提出的日益严峻的挑战以及自然因素造成的重大危害及威胁，电网的“柔性”和“弹性”概念相继被提出。前者主要是指电网高度调整的能力，后者则侧重于危险事件的可恢复性。近年来，全球电网事故统计数据表明，电力系统受自然灾害影响严重。如地震、海啸、冰灾等极端自然灾害，直接影响电力系统的正常运行。自 1986 年以来，我国在世界十大损失最大的自然灾害中占据了三席之位。此外，信息网络的不断融合和发展也使得传统电网的传输、配电、用电等部分出现了新的薄弱环节，这使得从公网入侵和攻击电力基础设施成为可能。而随着电力信息物理系统节点规模和复杂性的增加，攻击电力终端设备的技术手段和风险也在不断增加和扩大。因此，为了进一步提高新时期电网的可靠性和安全性，减少各种不确定因素和高风险事件的不利影响，建设高弹性电网已成为新时期社会发展的必然趋势。图 1-1 所示为多元融合高弹性电网主体架构。

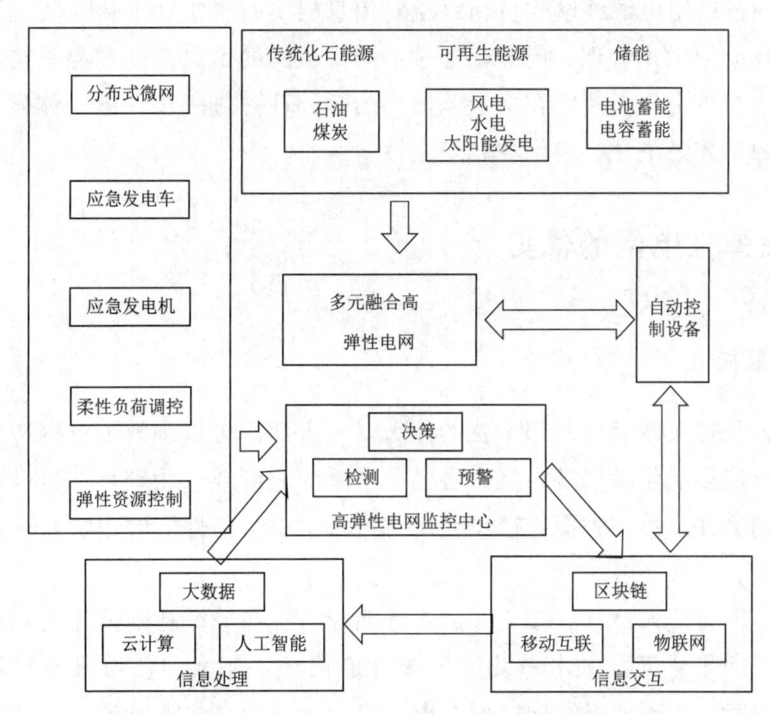

图 1-1 多元融合高弹性电网主体架构

此外，随着新能源汽车、煤制电等能源技术的快速发展，电能逐渐成为终端能源消费的普遍形式。因此，确保安全可靠的供电是保证国民经济稳定发展的必然要求。在这种背景下，多元融合高弹性电网应运而生。典型的主体架构如图 1-1 所示。作为能源互联网建设的核心载体，利用“大云物移智链”技术赋能电网，从根本上优化电网运行，提高电网的稳定性、多样性和辅助服务能力，提高运行效率。

从图1-1中可以看出，多元融合高弹性电网以传统能源大电网为骨干，广泛接入风电、太阳能发电等新能源发电和储能机组。借助大数据、云计算等技术，将网络中各组成单元的运行信息和状态传输到电网监控中心，实现集监控采集、预警和储能决策等功能于一体的智能管理系统。同时，在多元融合高弹性电网的建设和发展中，应开展网络攻击防护策略的研究。在对输配电业务范围内可能发生的网络攻击进行数学模型分析的基础上，提出了相应的安全防护策略，以增强多融合、高弹性电网的运行安全，降低网络攻击的不利影响，减少网络入侵和非法操作对用户用电安全的影响，对保证电网可靠稳定运行和全社会用电安全具有积极而深远的意义。对协同网络攻击引起的连锁故障进行准确的预警和识别，有助于电力信息物理系统维护，增强电网的灵活性和恢复能力；借助神经网络或深度学习算法提高检测机制的性能，结合区块链和云计算技术的分布式安全和高性能的特点，大大增强了未来高弹性电网系统有效抵御信息窃取和网络攻击的能力。多融合、高弹性电网还包括微网、分布式发电等自主单元。通过机组电源终端和负荷终端对信息的实时采集和上传，实现了自下而上分散自治能量流的优化管理。同时，通过扩大机组间的信息互联和能量交换，可以发挥分布式发电与可再生新能源在广域范围内的互补性，进一步促进一体化，提高高弹性电网系统的整体经济性、稳定性和安全性。

1.1.4 高弹性电网的优势

1. 高承载能力

承载能力是指电网承受外部干扰的能力。一方面，可以理解为电网应对冲击的能力。电网的普遍影响包括极端自然灾害、严重系统故障或人为破坏，以及误操作等小概率、大影响事件。另一方面，通过类比材料科学中“韧性”的定义，可以理解为电网极限承载力。

事实上，电力、天然气、交通、供水等能源系统与关键基础设施之间存在着必然的耦合关系。如果燃气、供水系统的输送管道损坏，那么即使燃气轮机正常，但燃气、水供应中断，也不能继续向电网供电。灵活电网旨在协调能源系统和关键基础设施，提高电网整体资产利用率和承载能力。此外，高弹性电网发送端、接收端更加稳定，承载能力得到大幅提升，形成“强交流强直流”特高压输电系统，实现大容量、大范围新能源的跨区域、超远距离、高效传输，并显著提高了不同地区间的电力交换能力和承载能力。

2. 高互动性

近年来，风、光废弃现象依然存在，影响新能源发电并网能力。发挥多集成网格资源集成平台的作用是解决这一问题的重要措施。多集成高弹性电网建设增强了“源—网—荷—储”的互动管理，改变了传统电网单一模式，适应负荷变化，实现“更加绿色安全供电、更经济高效用电”的目标，从而提供更具互动性和双赢性的电力服务。其中，“源—网—荷—储”互动结构见图1-2。

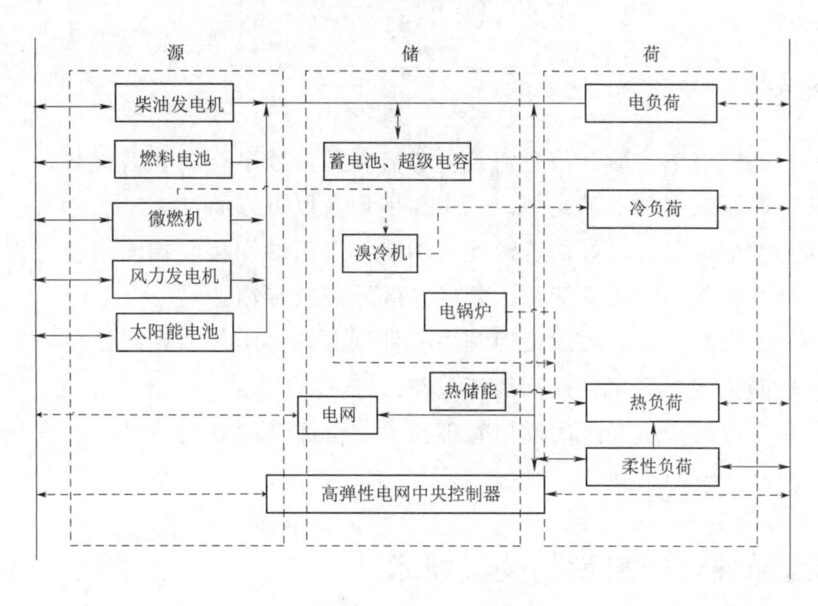

图1-2 “源—网—荷—储”互动结构

多元融合高弹性电网通过充分发挥网内各类资源的特性，促进新能源高效消纳，推动“源荷互动、源网互动、网荷互动、网储互动”的高互动能力多元电网的发展。重点建立“源—网—荷—储”在线互动智能化管控平台，保障新能源的大量广泛接入，并兼顾大规模、远距离输送要求。多元融合高弹性电网着力打造三大系统：一是建设大规模互动系统，开发终端管理模块，在负荷和海量资源信息分类基础上实施统一调度管理；二是建设大型安全控制系统，及时感知、预警、处理局部故障，并在发生严重故障时实施负荷与发电快速协同控制；三是建设信息互动集成通信系统，及时感知电网状态变化和关键节点信息，实现“源—网—荷—储”等多环节数据的集合与共享。

3. 高自愈性

高自愈性是指实时准确掌握电网状态，及时检测、诊断和排除故障，实时评估和判断电网的安全性、稳定性和可靠性，自动恢复到正常运行状态，避免大面积停电。高自愈弹性电网至少应具备以下功能：一是采用实时或超实时仿真技术，实现实时故障预测功能，在紧急情况下提供决策支持；二是自适应分布式控制功能，促进电网灵活运行。

弹性电网的高自愈性体现在分布式发电的协同工作上，保证了电网在正常稳定条件下的全局或局部协同工作。多源协同自愈控制是实现高弹性电网自愈功能的重要措施，涵盖了供电区域科学规划、运行方式切换、故障下安全运行等关键步骤，并考虑了高弹性电网自愈过程中的经济性和稳定性。当出现异常或干扰引起的故障时，高弹性电网将在失去部分电源的情况下，在最短时间内排除故障，实现关键部件的正常运行或持续运行。

4. 高效能

高弹性电网有着电力流、信息流及业务流多元素强融合的显著优势，它利用各种新能源，使电网系统更加清洁高效。这主要体现在以下方面：

（1）高弹性电网具有较好的资源配置功能，发送端和接收端网络稳定性强，承载性能显著提高，有效实现了新能源大规模跨区域高效传输。

（2）高弹性电网可以最大限度地利用各种资源，科学规划系统设备，采用需求侧管理，提高电网资产利用率，提高经济效益。

（3）高弹性电网采用先进的通信管理技术，全面管理电网信息、维护和监测，提高用电效率，减少资源浪费。

1.1.5 高弹性电网建设的关键技术

1. 系统级模型构建技术

在构建多元融合高弹性电网的系统级模型时，不仅要根据风电、光伏、热电、储能设备的运行特点建立数学模型，还要根据电、热、气的潮流建立数学模型。因此，该模型具有高维、非凸性和非线性的特点。根据独立模型的特点，采用了相应的模型简化和求解算法。目前主要的方法有：①将一些非线性约束线性化，建立混合整数线性规划模型；②对连续变量和整数变量进行解耦，对大规模问题进行分块迭代分解求解；③采用智能算法求解模型中的多目标问题。同时，对高弹性电网的分析应着眼于建立科学合理的框架，收集电网运行的状态数据和基本信息，关注电网的实际运行特点，在此基础上建立潮流数学模型；特别是要注意脆弱模型的简化，验证简化脆弱模型的适用弹性条件，使弹性评估的计算复杂度降到最低。

2. 高效运行控制技术

多要素融合与高弹性电网的能量转换和信息交互是相对独立的过程，两者的协调运行是高效电力调节的关键。在系统运行部分，从宏观层面上形成了新能源发电与传统化石能源发电的最优组合。通过新能源发电、储能等技术，引导用户负荷主动跟踪发电侧输出。在微观层面，通过储能模块内部自动充放电调节，实现了各模块的内部自优化，提高了控制性。在操作和通信部分，实现了能量模块之间信息流的双向自由流。在对采集到的模块数据信息进行初步分类后，将其输入云信息处理单元，以满足用户的主要数据需求。在云信息处理部分，收集能源供应模块、能源网络模块和能源需求的数据信息，并反馈给优化模块，制定系统的优化运行计划。在大范围内，将整个能源系统的数据信息反馈给系统能源规划模块，进一步优化和修改系统运行设计。

同时，在多元融合高弹性电网中，能量流互补技术的探索尤为重要。目前，研究主要集中在控制策略和控制技术方面。控制策略主要是指多类型发电系统的最优调度方案；控制技术主要是指基于数字信号处理的非传统控制策略和模型，包括神经网络控制、预测控制、电网自愈自动控制、互联网远程控制、接入口控制技术等。

3. 柔性直流输电技术

在电力传输方面，柔性直流输电技术可以灵活地控制电网系统的潮流，实现有功功率和无功功率的解耦，精确地调整电压幅值，从而满足多元融合高弹性电网大规模可再生能源并网和远距离输电的需要。目前，柔性直流输电主要是500～800kV和3～5GW，绝缘特性更好、电压更高、容量更大的特高压柔性直流输电有待开发和完善。要在多元融合高弹性电网的框架下建设特高压柔性直流输电骨干网，必须将多元融合高弹性电网规划理论与电网结构进行综合集成，重点发展特高压柔性直流变换器、直流断路器、直流电缆、变压器、潮流控制器等关键基础核心设备技术。目前已进入柔性直流输电的快速发展期，柔性直流输电技术的发展和完善，将对未来多元一体化高弹性电网的建设生态产生深远影响。

4. 故障容错与恢复技术

近年来，研究人员基于多数据信息融合技术的电网故障诊断与恢复技术进行了广泛的理论研究。在对多个数据信息源分别诊断的基础上，实现了系统的整体故障诊断，但上述诊断结果没有得到很好的解释，多个数据信息没有得到充分的利用。在多元融合高弹性电网中，系统动静态数据的智能采集技术相对成熟，能够获取调度端诊断单元所需的各种数据信息，为电网故障诊断提供有利条件。因此，应从电网、设备、生态、社会环境等方面考虑，在数据信息分布多样化的基础上，利用数据的冗余来识别错误数据、完善错误数据、补充缺失数据，从而实现故障的准确分析、定位，以及多元融合高弹性电网故障全过程的判断与处理。

未来，分布式发电的灵活接入、多变压器运行方式引起的双向潮流和系统阻抗变化也将给继电保护带来挑战和发展机遇。利用新的传感器技术，多元件融合、高灵活性的电网可以获得反馈，简化了保护算法，缩短了数据处理时间。国内外学者对电网的故障特征做了大量的研究，并综合考虑了控制系统、接地方式、换流器闭锁时间等因素，建立了较为准确的故障暂态模型。

5. 储能技术

储能技术被认为是应对电网负荷波动的重要手段，越来越受到国内外学术界和工业界的重视。据全球储能项目数据库不完全统计，截至2019年年底，我国已投产储能32.4GW，占全球总规模的17.6%。大规模储能与新能源发电的协同规划与调度是实现电网级储能应用的两个关键问题。间歇性新能源并网后，电力系统稳定性面临的新挑战为储能的大规模应用提供了新的发展机遇，储能作为一种灵活的资源，是解决新能源发电不确定性和波动性的有效途径之一。

此外，大规模的可再生新能源并网需要系统提高其调频能力和负荷跟踪备用能力。针对这两个问题，储能技术需要达到几分钟到几小时的充放电周期。适用的储能技术包括镍镉电池、锂离子电池、铅酸电池等，同时，大量的新能源设备投资也面临着如何对基本负荷单元进行有效组合的难题。这就要求储能的充放电周期为小时至日级，适用的储能方案主要有抽水蓄能和钠硫电池。此外，超级电容储能技术作为一种较为成熟的储能技术，在许多国家的电力系统中得到了广泛的应用。

6. 资源开发技术

资源开发技术可以在一定的能源领域实现整体协调、整体设计和规划，可以因地制宜地配置多种资源。在初步规划阶段，应重点分析资源开发利用方式，确定传统化石能源以及光伏发电、风电等新能源的发电能力和选址，并设计相应的资源开发和高效利用方案，保证后续开发的合理性。未来将在现有智能电网模型的基础上，搭建软件平台和信息处理分析系统。在能量管理优化模型方面，由于新能源的广泛应用，能量流将由简单的径向形式转变为复杂的多向形式，这将大大增加能量管理建模的难度和可行性；同时，也给资源开发技术的研究带来了挑战。结合多元融合高弹性电网的特点，可以实现能源生产、储存、传输和终端利用的信息流与能量流的集成。通过对整个能源层次的深度开采和合理开发进行统筹规划，可实现能源供需侧的协同匹配，优化资源利用梯级，使能源资源开发利用率显著提高。

7. 电力市场机制优化技术

传统的电力市场机制研究是基于对特定用户在一定时间内进行的定量分析。由于多元融合高弹性电网用户的多样性、海量数据信息和复杂的能耗行为，传统的研究方法局限于应用场景，存在准确性和鲁棒性差等问题。因此，有必要分析全网终端用户的能耗特征，依托海量用户数据，全面制定多元融合高弹性电网下的电力市场机制。一方面，为了实现对终端用户能源消费特征和消费行为的准确预测，需要建立基于电、气、热等海量多时空异构资源数据的计量模型和智能预测模型，同时实现以成本、供求和效率为指标的综合评价方法；另一方面，需要探究人工智能和大数据挖掘技术在建立特定用户个体和用户群体标识能耗模型中的作用，对能耗数据进行多维研究，探究智能供配电方案，并提供数据信息增值服务。

综上所述，在多能源消费特征预测和能源交易模式方面，还存在多能源负荷不确定性导致定量预测困难、主体间能源交易效率低、协调互补能力弱、数据和信息交换不畅等问题。因此，有必要研究准确的多能源预测、先进的交易模式和用户响应优化技术，为一体化、高弹性电网电力市场机制的优化提供有力的技术和理论支持。

8. “大云物移智链”信息技术

多元融合高弹性电网将云信息处理与大数据技术深度结合。从微观上看，移动互联网、通信、云存储、大数据云计算等技术的应用，满足了未来电网发展的信息化和智能化、海量数据存储和集成交互等业务需求。一方面，用户可以随时随地根据自己的实际需要定制和获取相关信息服务，轻松掌握能源资源信息；另一方面，利用大数据信息处理技术，准确分析用户的能源使用习惯，为用户定制和推送能源综合利用优化方案。从宏观上看，大数据技术是连接各个技术单元的关键，可实现数据信息采集、计算、分析和交换的综合功能。在建设初期，能源规划的基础数据被汇总到云端，利用大数据可视化技术、分析与表示技术对建设方案的经济指标进行评价，结合广域能源优化配置技术制定综合优化施工方案。在系统运行中，云还可以同时采集能源模块之间的实时运行数据。大数据分析和仿真技术可预测能量模块间的能量流，并结合多能量流互补控制技术，实时调度和优化能量资源配置。

然而，由于网络中对物理设备的控制高度依赖于数据信息系统，因此如果信息系统受到来自国外的网络攻击，很容易造成电网中复杂的物理交互，进而威胁到系统的安全。这个问题指的就是信息的物理安全问题。目前，对智能电网信息物理安全研究的基础是电力潮流等静态分析工具，实质上是物理安全与信息安全的分离。多元融合高弹性电网涵盖了电力系统、新能源系统、储能系统等复杂系统，因此要把上述系统放在一个统一的框架内进行全方位、多维度的研究。针对网络病毒、漏洞、虚假数据注入、窃听等外部网络攻击手段以及大数据信息系统可能出现的故障，有必要探讨信息的物理安全防护措施和这些防护措施的有效协调与配合。

1.2 直流偏磁的危害及抑制装置发展前景

1.2.1 直流偏磁产生的原因

直流偏磁是一种变压器不正常的工作状态，目前，双极两端中性点接地直流换流站的接线方式大规模运用到远距离高压直流传输系统领域中。虽然正常运行时两极电流相等，地回路中的电流为零，但是在以单极大地回路运行方式、双极电压对称电流不对称或者双极电流电压均不对称方式运行时，大地就会作为直流输电回路，这时接地网之间存在电位差，使主变压器中性点产生直流分量。在变压器正常运行时出现直流偏磁现象，通常由以下原因引起：

（1）太阳等离子风和地球磁场互相作用产生的磁暴在地球表面形成磁场电位梯度，其高低与大地电导率以及磁暴的大小有关，在土壤高电阻的区域电位差可能达到相当高的程度。1989 年 3 月 13 日太阳磁暴导致魁北克电网发生大范围的停电。这类直流偏磁很大，但持续时间短，发生频率较小。

（2）直流输电系统和交流输电系统在同一区域或系统同时运行，电压、电流负载曲线非对称。超高压和特高压直流输电系统有几种运行方式，如单极大地返回运行、正负双极运行、一单极一金属回路运行等。单极大地返回运行方式是将大地作为回路，通过一导线设置工作电流回路，能够有效地节约建设成本，这是高压直流输电的重要途径。在双极运行回路中，如果存在双极不对称运行，则不对称与接地故障等有关，这时类似于单极大地返回运行方式。在高压直流输电系统的运行方式中，当采用单极一金属回路运行方式和双极回路时，一般不会影响交流电网中的变压器。当单极大地返回运行或正、负极严重不对称运行时，系统中的变压器将受到严重影响，导致中性点直接接地的变压器产生直流偏磁现象。影响的程度除了与直流换流站距离有关外，也与土壤、地貌等情况有关，辐射范围将呈不规则形状。此类直流偏磁的数值相对会小，但是持续的时间长，而且周围变电站受影响的可能性变大。

1.2.2 直流偏磁对变压器的影响

当系统的直流电流经过接地极注入大地时，极址的土地内会产生恒定直流的电场。如果变电站在当前场的范围内接地，直流电流通过地面，从一个变电站的传输线路流入，并流出到另一个变电站，见图 1-3。当通过变压器绕组的直流电流较大时，它可以使变压器的铁芯磁点与设计偏差较大，从而导致严重的磁芯饱和，产生较多的谐波，并且使变压器的噪声增大，增加损耗，导致温度上升，严重时可能危害变压器运行的安全性。

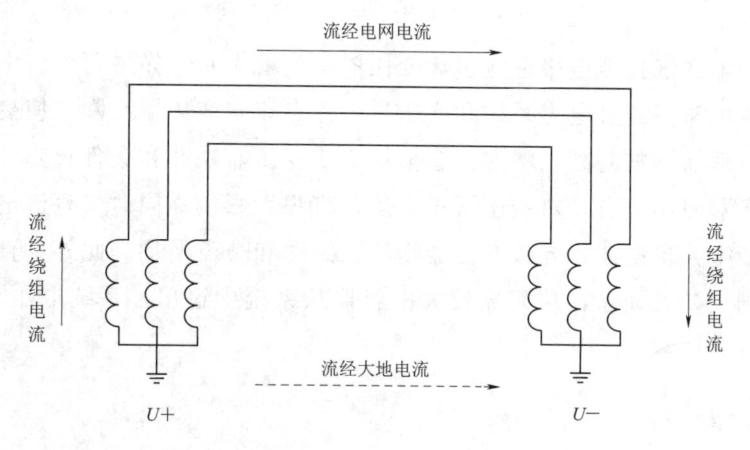

图 1-3 大地回流示意图

由于变压器的铁芯磁化曲线有饱和状况，在磁通密度高于膝点后，磁路达到饱和。饱和的深度提升会使磁导率 μ 大幅降低，饱和度越高，渗透率越少，变压器电阻会越高。饱和度到达一定程度后，相当于铁芯消失，只留一个绕组线圈。这时漏磁通量增大，同时大量的漏磁通进入夹件和变压器外壳，从而感应出涡流，导致夹件过热，长时间会造成绝缘过热老化，最终导致设备故障发生。在一个典型电力变压器的磁化电流波形分析中，可以发现除了基波分量，还有直流分量、励磁电流中的高次谐波，而励磁电流内的高次谐波电流不会过多影响电流的有效值。

变压器内绕组励磁电流互感器组件的高次谐波，在采用低（中）电压绕组三角形接线方式时，通过铁芯的磁通仍是正弦波，电压波形仍恒定。当励磁电流有直流分量时，可能会产生铁芯曲线不对称原点，电流波形也不是对称的。

直流偏磁发生后，励磁电流激励大为改善，波形畸变会产生严重的问题，产生尖顶波形，励磁电流峰值可以达到一百多倍额定值。直流电流值可达到正常运行时额定励磁电流的 47 倍，2 次谐波分量是 54 倍，3 次谐波分量是 25 倍，4 次谐波分量是 8 倍，5 次谐波分量是 1.4 倍。因此，可以看到直流只有一小部分会产生偏磁，大多数直流分量会被高频励磁电流抵消，铁芯内不至于出现过高的偏磁。

各次谐波与基波的起始相位角的关联为：2 次谐波超前 90°，3 次谐波超前 180°，4 次谐波落后 90°，后续谐波据此可类推。伴随铁芯偏磁感应度加强，直流分量包括的谐波分量也不断提升，但当铁芯偏磁感应度达到 10T 以上后，其增长将变快，各谐波也因频率增加而迅速降低。根据波形，如果磁芯发生饱和，将不会再产生直流偏磁，则谐波分量只为奇次谐波，无偶次谐波，即直流偏磁为偶次谐波与直流分量可发出的重要条件。上述影响会对变压器的正常运行造成一定的危害。

1.2.3 直流偏磁对变压器的危害

当直流输电系统接地电极电流引起变压器电位增大时，如果两个变电站之间存在电位差，直流电流将通过电力系统和变压器中性点流向变压器线圈，使变压器铁芯磁通迅速饱和，从而增加漏磁，增加铁芯损耗，使变压器铁芯和夹件过热，导致绝缘老化，危及变压器使用寿命，对变压器正常运行有很大影响；同时，直流电流会使励磁电流畸变，产生大量谐波，导致变压器损耗、振动和噪声增加。此外，直流偏磁会使继电保护跳闸设备误动作，从而导致大电容器从系统中退出，系统电压会迅速下降，最终损失大部分负载。

1. 噪声增大

变压器的噪声是由硅钢片的磁致伸缩引起的。在正负不对称周期磁场作用下，硅钢片尺寸发生变化，产生振动和噪声。振动引起的磁致伸缩也是不规则的，这使得噪声随着磁通密度的增加而增加。当直流电流流过变压器绕组时，励磁电流会发生畸变，产生谐波。同时，主磁通会变成一个正负半轴不对称的周期性磁场，噪声会增大。在直流偏置的情况下，变压器绕组包含奇偶谐波。因此，与谐波电流相对应，变压器的噪声谱既包含奇次谐波成分，也包含偶次谐波成分。

变压器铁芯硅钢片的磁致伸缩作用使铁芯变压器剧烈振动，导致变压器部分零件松动，引起发热、放电或绕组零件脱落，危及变压器的安全运行。这说明高噪声直流偏温引起的温升和振动引起的问题非常严重。

2. 损耗增加

变压器损耗包括绕组损耗（铜损耗）和铁芯损耗（铁损耗）。变压器的铜损耗包括基本运行铜耗和附加铜耗。在直流偏磁的影响下，变压器的励磁电流会显著增大，导致铜损耗急剧上升。但是，由于主磁通保持正弦波，磁通密度变化较小，因此相对较小的进铜量引起的附加铜损，电流主要受基本运行铜耗的影响。变压器的铁损耗包括基本铁耗和附加铁耗。基本铁耗与磁通密度的平方成正比。接线方式 Y/△以及△/Y 变压器的励磁电流中含有谐波成分，由于主磁链仍为正弦波，因此直流电流对变压器绕组的铁耗不会产生太大的影响。然而，励磁电流通过磁曲线的饱和部分，将导致变压器的漏磁增加。漏磁会扩散到夹板、壳体等部位，产生额外的涡流损耗，即额外的铁耗。这部分铁耗随着磁通量的增加而增加。这表明，随着变压器线圈中直流电流的增加，铁耗将增大。直流偏磁将导致变压器的励磁电流增大，其产生的多个谐波涡流损耗和铁耗大幅增加，由于导线的集肤效应造成铜损耗增加。稳定的、持续增长的漏磁变压器直流偏磁使得铁耗变大，其他结构的温度上升，造成油局部温度和湿度上升，影响绝缘和变压器组件，甚至造成变压器损坏。

3. 振动加剧

变压器的振动主要由铁芯硅钢片的磁滞膨胀引起，振动频率取决于励磁电流的频率。当直流电流流过变压器线圈时，磁通会发生偏移，从而使变压器的励磁电流发生畸变，进而增加铁芯的磁滞。漏磁的增加会增加变压器线圈的电动势，对变压器的振动有一定的影响。

4. 系统电压波形失真

当变压器发生直流偏磁时，直流偏磁会使变压器成为交流电力系统的谐波源，引起电压波形畸变。这可能导致的问题有继电保护误动、滤波器过载、操作过电压等。例如，流过变压器的直流电流增大了电流和变压器的无功功率损耗从而可能导致系统电压降低。

1.2.4 主变直流偏磁抑制技术原理

现有的直流偏磁抑制方法包括中性点串接电阻、中性点串接电容、注入电流抑制直流、线路串电容以及增加变压器接地点等。

(1) 中性点串接电阻通过增大中性点接地变压器、输电线路和大地构成的回路中的电阻，来降低流入接地变压器绕组的直流电流，但串接电阻会对继保和过电压产生影响，因此电阻的大小应有一定的取值范围。

(2) 中性点串接电容利用电容器“隔直通交”的特点，阻断中性点接地变压器、输电线和大地构成的回路的形成。

(3) 注入电流的实质在于用注入电流来升高或者降低接地网电位，减小变电站之间的电位差，从而达到抑制直流电流的作用。

(4) 线路串电容的本质也是阻断中性点接地变压器、输电线路和大地构成的回路的形成。线路串电容法一般出线众多，需串接的电容器数量也很多，成本非常昂贵，所以该方法并不经济。

(5) 增加变压器接地点的方法在增加变电站的接地点后，单台变压器通过的直流电流会下降，但值得注意的是，考虑到对继保动作的影响以及变压器之间形成环流的问题，一般在实际运行时，同一变电站内同一等级的变压器并列运行时只会有一台变压器接地。

1.2.5 直流偏磁抑制装置的发展前景

我国的煤炭资源有2/3都集中分布在内蒙古、山西等地区。使用这些煤炭资源在资源产地进行火力发电，通过转化成电能向沿海经济发达地区运输。由于距离较远，因此需要远距离输电。在直流输电线路中可以使用长距离传输的方案，可有效提高电力传输的经济性、灵活性、稳定性，也可以相对灵活地控制系统运行方式。高压直流输电技术具备非常好的前景，在中国取得了飞速的发展。

我国高压直流输电系统往往采用单极大地回路与双极回路两种运行方式，在对直流输电换流系统的调查研究以及对变压器的检测中可以了解，当输电线路采取单极大地回路的运行方式时，会造成其周围中性点采用直接接地方式的变压器运行异常，噪声增大、振动增大。在进一步的测试中可以发现，在单极大地返回直流系统的方式下，随着直流功率输送的增加，噪声和振动会随着输送电流的增大而增大。

在理想情况下，在高压直流输电系统的单极大地回路运行方式下，接地相当于一根高压直流电线。在系统运行的情况下，地面附近的电压会有一定的波动。当中性点附近没有大的变化时，流过换流器的直流电流会使变压器产生直流分量，从而产生主变压器的直流偏磁现象。从贵广直流工程、天广直流工程、三常直流工程的角度出发，所有的设计都对这一问题进行了一定的预防和纠正，减少了第一次直流操作单极回路的影响，同时减小了接地电压变化对中性点变压器的影响。然而，由于种种原因，这三个项目低估了这种影响。这可能是因为在评估周围接地极的承载能力时，缺少对两方面的影响评估，并且周围中性点直接接地的变压器承载能力不足，这对运行造成了严重影响，设计中没有详细的措施来应对这种不利情况。随着“西电东送”政策的实施，我国高压直流输电技术在电网中的应用越来越多，这一点显得更加迫切和重要。

为推进“西电东送、全国互联”的国家能源发展战略，我国规划了一系列高压直流输电线路，线路长、输电容量大、损耗低、自动化程度高。在东北高压直流输电工程中，呼伦贝尔—辽宁高压直流输电工程建成后，开通了内蒙古东部电网到辽宁中部的输电网络通道，形成了第一个国家电网交直流混合系统。电力系统的输出功率大大提高了跨区输电的能力。但当直流输电线路发生一定故障或调试时，必须处于单极运行方式。在双极输电系统向单级输电的运行方式转换过程中，将用地作为回路返回系统，并通过接地将数千安培电流注入地面，导致周围变电站的接地极电位发生变化。然后形成一定的电位差，直流电会从输电线路经过大地流向变压器的中性点，使变压器出现直流分量，造成变压器的偏磁现象。同时，会对交流输电系统产生不同程度的影响，特别是变压器交直流分量的叠加会导致变压器铁芯磁通量的变化。在交流系统中，会出现振动、噪声等问题，严重影响电力系统的稳定运行。

直流偏磁是由外部电压环境的变化引起的，施加在中性点直接接地的变压器上。直流偏磁抑制技术的研究对电力系统的正常运行具有重要的现实意义。分析直流偏磁产生的原因，研究抑制直流偏磁的相应措施，可以提高变压器在高压输电过程中的安全性。

第2章　电容型直流偏磁抑制装置检修策略及典型案例

2.1　电容型直流偏磁抑制装置原理

直流输电线路在单极大地回路运行方式或双极电流不平衡运行方式下，大地极电流通过交流系统的变压器中性点流入交流输电系统，对交流输电系统产生不同程度的影响，尤其在对交流变压器中性点叠加直流分量后会产生偏磁现象，造成铁芯磁饱和、变压器噪声增大、损耗增多、发热增加及振动增强，同时交流电压波形发生畸变并在交流系统中产生谐波，将影响交流输电系统、设备的安全稳定运行。

尤其是当换流站的接地极位距离交流电网较近时，直流站的双极不平衡运行将会导致交流电网主变压器中性点电流的增大，即直流偏磁现象。2014年3月28日某地换流站单极大地回路运行的实测数据表明，入地电流为500A，交流电网主变压器中性点直流电流达到5～10A。因此主变压器中性点需考虑加装隔直装置，以有效减少直流偏磁对其的影响。

在主变压器中性点上串联电容器，能够利用电容器“隔直通交”的特性来抑制直流电流。

2.1.1　有源型电容隔直装置

有源型隔直装置是一种需要由旁路机械开关或电子开关动作实现电容器的投入或退出的隔直装置。装置一般包括电容器、旁路机械开关、旁路电子开关或高能氧化锌组件、交直流传感器、测控装置和计算机后台等部件。

正常运行时，电容器隔离直流电流，可为工频电流提供低阻通道。但是当系统发生单相接地故障时，中性点会流过很大的零序短路电流，并且产生幅值很高的暂态电压，如果选用的电容器不能达到性能要求很容易损坏或发生爆炸。因此，传统的有源型电容隔直装置需在电容器两端并联旁路电路。有源型电容隔直装置原理图见图2-1。

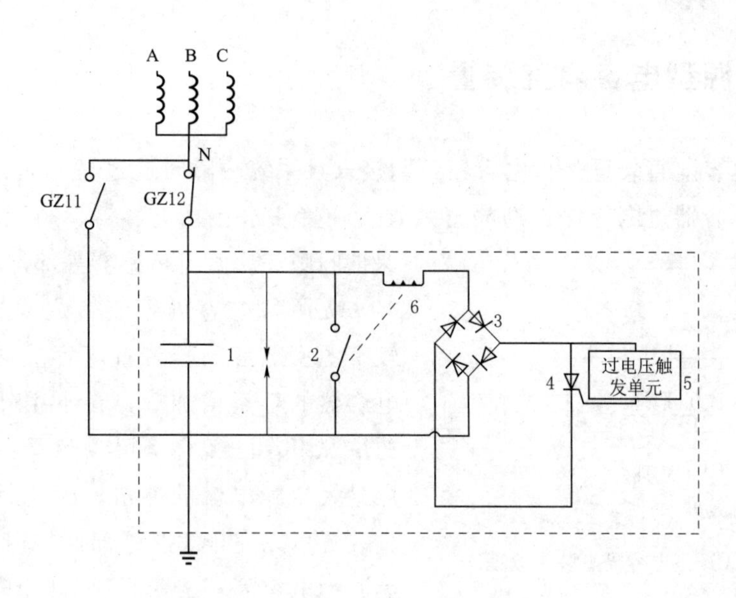

图 2-1　有源型电容隔直装置原理图

电容隔直装置装设于主变压器中性点侧，其主要部件为隔直电容，电容两侧并联有电流旁路保护装置和旁路隔离开关。电容隔直装置有两种工作状态：一是直接接地状态，即装置的正常工作状态，在主变压器中性点直流电流不超过设定限值时，装置都处于直接接地状态（图 2-2）；二是隔直工作状态，当主变压器中性点直流电流超过设定限值时，主变压器中性点接入隔直装置，起到抑制直流电流流入主变压器中性点的作用（图 2-3）。在装置工作在隔直工作状态的情况下，当发生单相短路故障时，主变压器中性点交流电流超过设定限值，装置将立即转为直接接地状态，以抑制电容器上的暂态电压，在故障排除后，电容器重新投入运行。

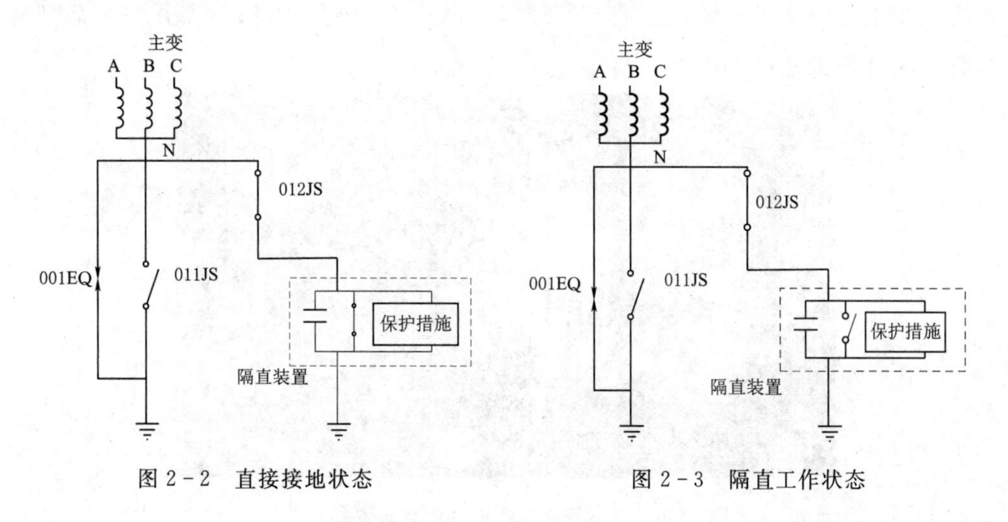

图 2-2　直接接地状态　　　　图 2-3　隔直工作状态

2.1.2 无源型电容隔直装置

无源型电容隔直装置是指电容器长期接入且系统故障时通过高能氧化锌组件和保护间隙实现电容器过电压保护的隔直装置。装置一般包括电容器、高能氧化锌组件、保护间隙、交直流传感器等部件。

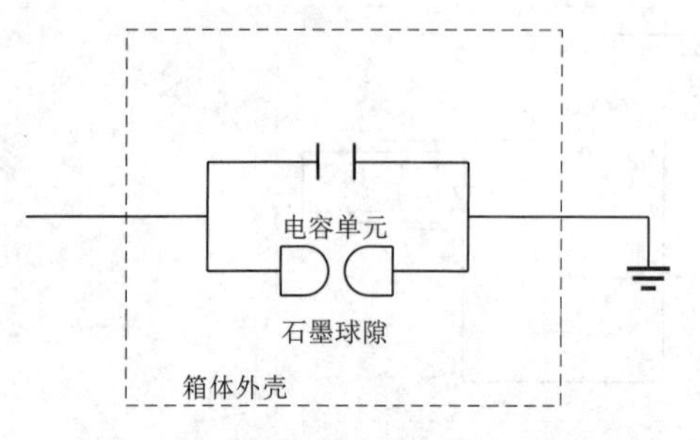

图 2-4 无源型电容隔直装置原理图

无源型电容隔直装置内部电容量较大，较有源型电容隔直装置电容量增大了 10 倍。电容器的容量增加后，在不用外部保护回路的情况下，已经完全可以耐受主变压器中性点最大故障电流的冲击。因此无源型电容隔直装置可以完全摆脱外部保护回路独立运行。无源型电容隔直装置原理图见图 2-4。

2.2 电容型直流偏磁抑制装置应用

2.2.1 有源型电容隔直装置

以某型号有源型电容隔直装置为例，装置安装在变压器中性点附近，户外集装箱就位于事先做好的水泥基础上。集装箱内部分为两个室，分别为装置室和隔离开关室。电容隔直装置位于装置室，户内隔离开关位于隔离开关室。两个室之间由一次电缆连接。变压器中性点电缆经穿墙套管或者电缆沟进入装置内部隔离开关。某型号有源型电容隔直装置外观见图 2-5。

图 2-5 某型号有源型电容隔直装置外观图

1. 装置结构

该有源型电容隔直装置由三个部分构成，第一部分是户内隔离开关，用于切换隔直装置；第二部分是串联接入变压器中性点的隔直装置本体，包括电容器、晶闸管、整流二极管、电感等一次设备及二次控制单元；第三部分是装置输出的 8 个开关量信号和 2 个模拟量信号，供运行值班人员检测装置的状态。有源型电容隔离装置组成见图 2-6。

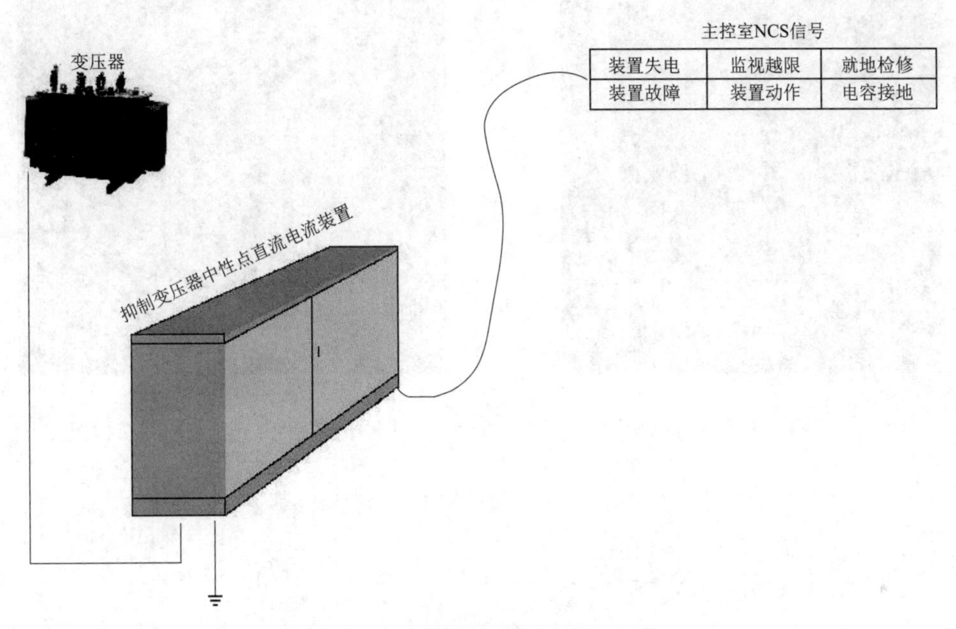

图 2-6　有源型电容隔直装置组成

隔直装置内部结构见图 2-7，隔离开关室内部结构见图 2-8。

2. 外部接线形式

隔直装置外部接线有两种形式。变压器中性点首先接入双刀互锁隔离开关 GZ11/GZ12 上口端，并通过隔离开关 GZ11 下口端直接接地，通过隔离开关 GZ12 下口端接入隔直装置本体后接地。隔离开关 GZ11/GZ12 为手动操作方式隔离开关。运行状态下 GZ11 分断，GZ12 闭合，只有在隔直设备故障或检修情况下退出运行时，将 GZ11 闭合，GZ12 断开。GZ11/GZ12 为双刀机械互锁隔离开关，GZ11/GZ12 两刀臂不能同时操作处于分断状态。当一个刀臂由闭合状态操作到分断状态时，另一个刀臂必须处于闭合状态。

方式一：对于 220kV 及以下电压等级的变压器系统，由于主变压器运行方式为单台接地，在实际工程中一般为多台主变压器共用一台隔直装置，见图 2-9。

图 2-7　隔直装置内部结构图

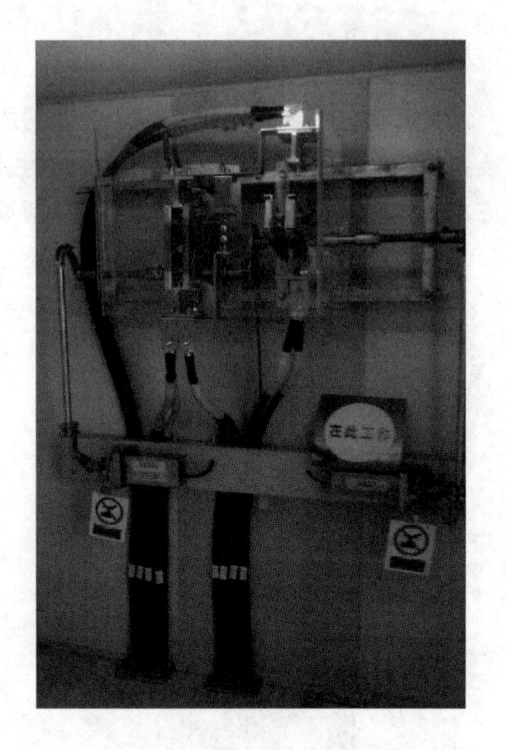

图 2-8　隔离开关室内部结构图

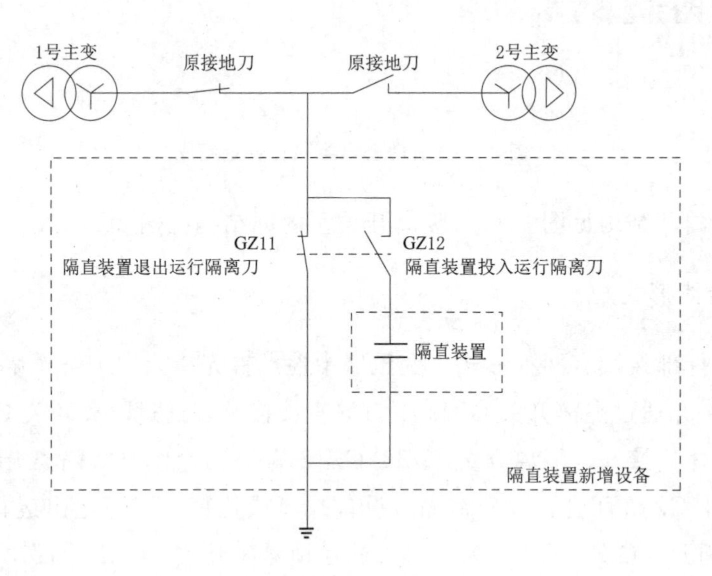

图 2-9　方式一

方式二：对于500kV电压等级的变电站，由于主变压器单台直接接地，在实际工程中一台主变压器中性点接一台隔直装置，见图 2-10。

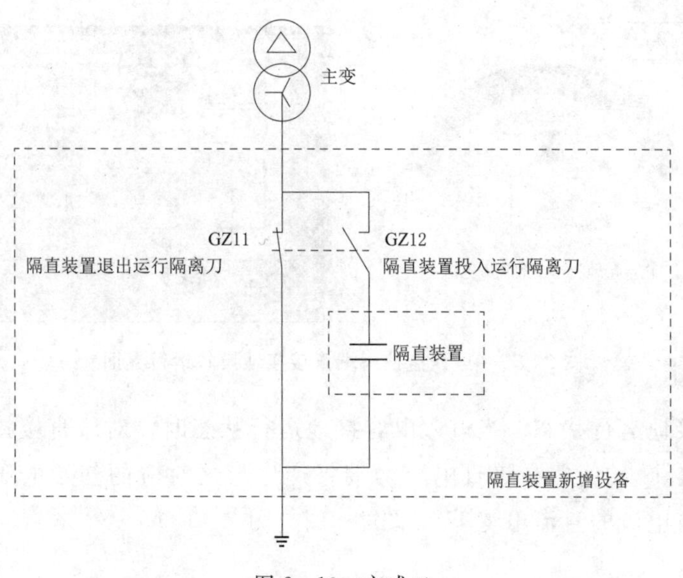

图 2-10　方式二

3. 控制模式

隔直装置有手动和自动两种控制模式。

(1) 手动模式。手动模式指装置在直接接地状态时，当中性点直流电流超过设定值时能够向监控终端发出越限告警，运维人员能够通过手动操作切换到隔直工作状态；在隔直工作状态下当电容器两端电压低于下限设定值或变压器中性点的交流电流超过上限设定值时，装置能够向监控终端发出越限告警，运维人员能够通过手动操作将装置切换到直接接地状态。

(2) 自动模式。自动模式指装置在直接接地状态时，当中性点直流电流超过设定值时，装置能够自动切换到隔直工作状态；在隔直工作状态下当电容器两端电压低于下限设定值或变压器中性点的交流电流超过上限设定值时，装置能够自动切换到直接接地状态。

4. 运行状态

隔直装置具备直接接地运行和电容接地运行两种运行状态。

(1) 直接接地运行状态。隔直装置处于直接接地运行状态时，装置的内部测控单元时刻监视中性点直流电流的变化。当中性点电流大于装置设定的状态转换电流门槛 I_0 时，在自动运行模式下，装置自动进入电容接地运行状态；在手动运行模式下，装置发出告警信号（开关量及远程终端），等待运行人员通过远程终端操作手动进入电容接地运行状态。远程监控终端直接接地模式运行界面见图 2-11。

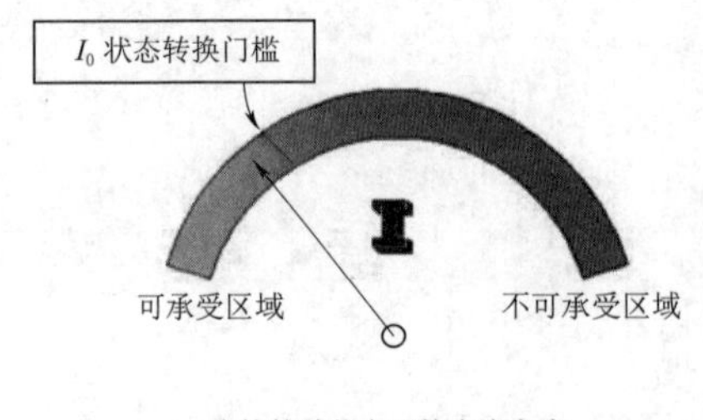

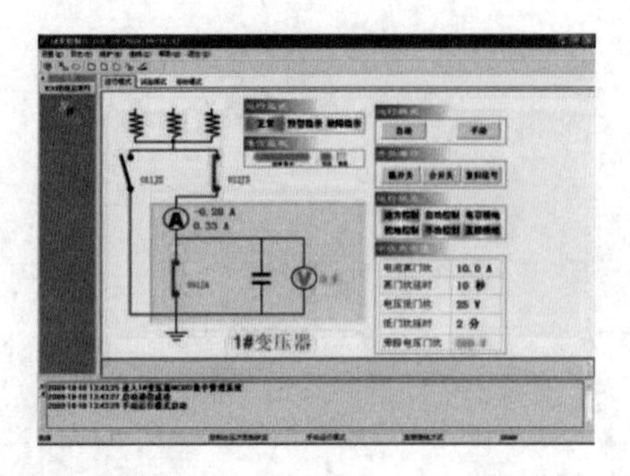

图 2-11 远程监控终端直接接地模式运行界面

(2) 电容接地运行状态。当进入电容接地运行状态时，对应直接接地状态下的状态转换电流门槛 I_0 的值，在隔直电容两端将产生与之对应的初始电压，此电压即为形成中性点直流电流的直流电势 V_0（图 2-12、图 2-13）。

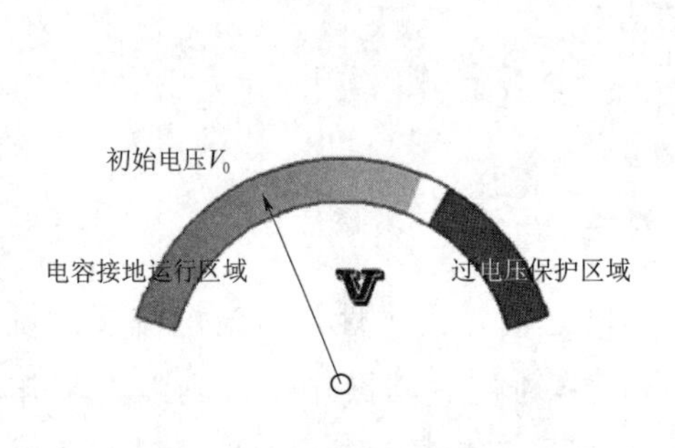

图 2-12 电容接地状态下的中性点电压（1）

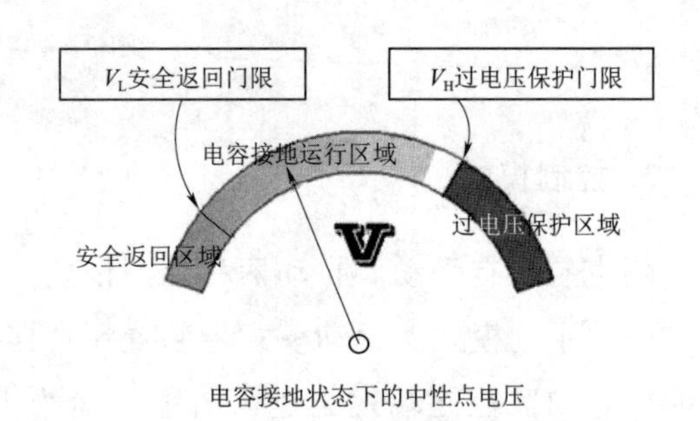

图 2-13 电容接地状态下的中性点电压（2）

V_0 值为多少与当时的直流输电系统接地极电流情况、电网结构、大地阻抗等诸多因素有关。可以通过仿真计算或将装置实际接入中性点测量获得此值。

在电容接地运行状态下，装置内部设置了两个电压门限，即安全返回直接接地运行的低电压门限 V_L 和过电压保护返回直接接地运行的高电压门限 V_H。

工程实施中，V_L 应远低于初始电压 V_0 值，否则可能产生频繁状态转换（振荡）。V_H 应高于因直流输电系统引起的最大电势的值，同时应低于装置及电网中任何电气设备的耐压容限。

运行中装置的测控单元和快速旁路启动单元同时监视电容器两端电压。监视内容包括测控单元监视电压是否低于电压 V_L、快速旁路启动单元监视电压是否高于 V_H。远程监控终端电容接地模式运行界面见图 2-14。

当电容两端电压低于 V_L 时，装置认为中性点进入直接接地是安全的。此时当装置处于自动运行模式时，延时一定时间测控单元闭合状态转换开关进入直接接地运行

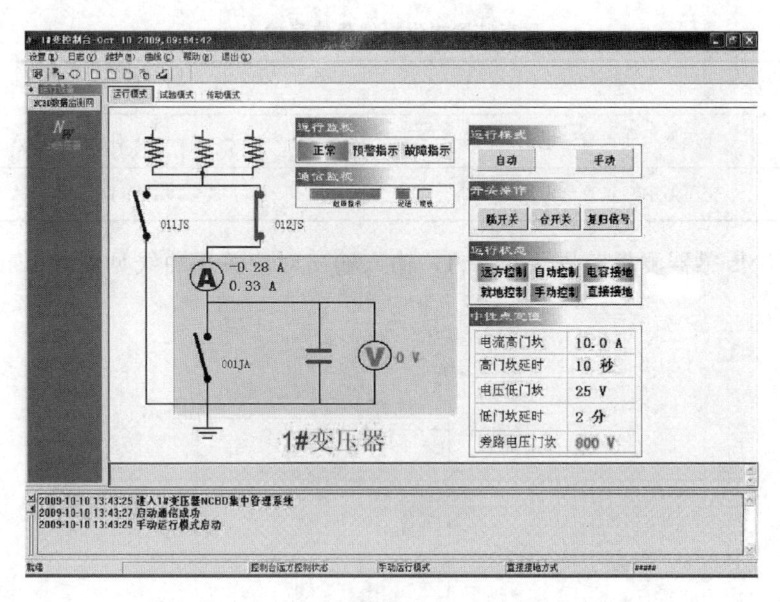

图 2-14　远程监控终端电容接地模式运行界面

状态；当装置处于手动运行模式时，发出直接接地安全提示信号（开关量及远程终端），等待运行人员手动通过远程终端操作进入直接接地运行状态。

当电容两端电压超过快速旁路启动门限 V_H 时，快速旁路系统启动，装置进入直接接地状态。

5. 装置开关量及模拟量信号输出

隔直装置输出 8 个开关量信号和 2 个模拟量信号，用于远方检测隔直装置的运行状态。开关量、模拟量信号应通过电缆连接到变电站的主控制室，并通过主控制室的远动设备传输到上级调度中心，便于运行人员及时了解隔直装置的运行状态。隔直装置提供开关量状态信号输出见表 2-1，隔直装置提供模拟量信号输出见表 2-2。

表 2-1　　隔直装置提供开关量状态信号输出

序号	开关量信号名称	功 能 说 明
1	直流电流越限告警信号	当中性点电流或电压越限时
2	故障告警信号	当装置运行异常时
3	装置动作提示信号	当装置由直接接地转换到电容接地或由电容接地转换到直接接地时闭合 10s
4	电容接地	当电容接地时信号触点闭合
5	就地操作状态	当装置状态开关处于就地位置时
6	装置电源失电	当电源失电时信号触点闭合
7	GZ11 隔离开关常开节点	GZ11 隔离开关辅助接点，闭合时中性点直接接地
8	GZ12 隔离开关常开节点	GZ12 隔离开关辅助接点，闭合时中性点经过隔直装置接地

表 2-2　　隔直装置提供模拟量信号输出

序号	定　义	测 量 范 围
1	变压器中性点直流电流量测 1	4～20mA 对应±62.5A
2	变压器中性点直流电流量测 2	4～20mA 对应±62.5A

电流测量传感器测量范围为±50A，输入输出对应关系曲线见图 2-15。

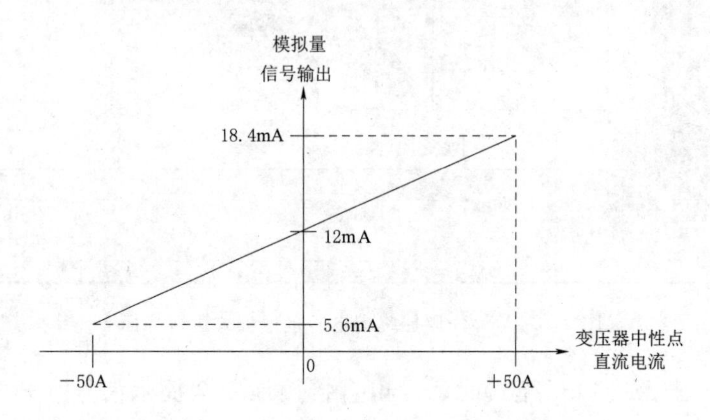

图 2-15　输入输出对应关系曲线

6. 技术参数

(1) 环境条件。

1) 室外环境温度 0～40℃（在户外集装箱内运行）。

2) 运行环境海拔：不大于 1000m。

3) 相对湿度（环境温度为 20℃时）：日平均相对湿度不大于 65％。

4) 板房安装应具有抗震能力，抗震等级为 8 级。

5) 板房安装应具有抗台风能力，抗台风等级为 50m/s。板房应有避雷措施，以防止雷击。注：若现场不具备安装板房条件，可根据用户要求重新设计。

6) 装置采用交流 220V 电源供电，长期运行供电电流小于 0.5A，但由于装置内部安装有空调，夏天运行时应考虑空调供电负荷。

(2) 技术参数。

1) 设备安装形式：户外集装箱安装。

2) 频率：50Hz。

3) 隔直方式：电容器隔直。

4) 电容接地交流容抗：1.2Ω/50Hz。

5) 电容容量：(1±10％)×3150μF。

6）电容接地运行状态下，过电压快速旁路（进入直接接地）启动电压：800V±50V。

7）直接接地开关触点暂态（短时）通流能力：40kA/1s（有效值）。

8）户外集装箱外形尺寸：4758mm（长）×2438mm（宽）×2896mm（高）。

9）供电电源：AC 220V。

10）输出外部信号：空节点开关量信号，包括电容接地状态、装置失电、装置故障；模拟量信号，如 4～20mA 信号中性点直流电流。

7. 装置可能存在的缺陷

由于受当时电容器制作水平的限制，第一批有源型电容隔直装置电容器容量单只只能做到 1050μF，电容器直流耐压 4000V，同时受到装置体积的限制及综合考虑制作成本的因素，电容器组采用了 3 只并联，电容量共计 3150μF，容抗 1.2Ω（经中国电力科学研究院系统所分析计算低于 1.2Ω 的容抗接入主变压器中性点，对主变压器的继电保护不产生影响）。当主变压器出现单相短路接地故障时，主变压器中性点故障电流可达 10kA，甚至更高，那么在电容接地情况下，在电容器上产生的故障电压将超过 10kV，远超过电容器的耐压水平。为了保证电容器的安全运行，增加了过电压保护回路和状态转换开关等旁路回路，为了控制旁路回路的运行状态，增加了测量单元和控制单元。

正因为上述原因，传统有源型电容隔直装置的结构、控制逻辑、运行方式较为复杂，故障率较高，运维成本较高。第一批有源型电容隔直装置自 2014 年投入运行以来，曾多次出现速合开关跳跃、跳不开、控制单元故障、工控机故障、二极管击穿等故障，给现场运行维护带来很大的工作量。在直流线路单级运行时，如果隔直装置故障不能及时投入运行，将严重影响主变压器的安全运行，情况严重时就需要拉停主变压器，从而影响周边用户正常的生产生活。

2.2.2 无源型电容隔直装置

无源型电容隔直装置一直工作在隔直状态，使电容器串入变压器中性点，起到隔离流过变压器中性点直流电流的作用。

目前新型的无源型隔直装置专用电容器，在体积不变的情况下，电容量可以做到 14000μF 以上，额定电压 1200V（耐压 1800V），电容量增大了 10 倍。为了留有一定裕度，整套隔直装置的电容值达到 130000μF 以上，容抗小于 0.025Ω。当故障电流为 10kA 时，在电容器组上产生的电压为 250V；故障电流为 20kA 时，在电容器组上产生的故障电压为 500V，远小于电容器的耐压值 1200V。也就是说电容器的容量增加后，在不用外部保护回路的情况下，已经完全可以耐受主变压器中性点最大故障电流的冲击。新型电容隔直装置可以完全摆脱外部保护回路独立运行。因此新的电容隔直设备取消了旁路回路和控制单元，可靠性大大增强，基本可以免维护运行。

2.3 电容型直流偏磁抑制装置检修策略

2.3.1 检修工作分类

电容型直流偏磁抑制装置检修分为A类检修、B类检修、C类检修、D类检修四类。

1. A类检修

A类检修指整体性检修。

(1) 检修项目：包含整体更换、解体检修。

(2) 检修周期：按照设备状态评价决策进行，应符合厂家说明书要求。

2. B类检修

B类检修指局部性检修。

(1) 检修项目：包含部件的解体检查、维修及更换。

(2) 检修周期：按照设备状态评价决策进行，应符合厂家说明书要求。

3. C类检修

C类检修指例行检查及试验。

(1) 检修项目：包含成套装置检查维护、电阻器、电容器、高能氧化锌组件、旁路开关、互感器、保护间隙的检查维护及整体调试。

(2) 检修周期：按所连接变压器的检修周期执行。

4. D类检修

D类检修指在不停电状态下进行的检修。

(1) 检修项目：包含专业巡视、辅助二次元器件更换、金属部件防腐处理、箱体维护等不停电工作。

(2) 检修周期：应依据设备运行工况及时安排，保证设备正常功能。

2.3.2 巡视要点

对于运行中的电力变压器中性点电容型隔直装置，应定期巡视设备状况、运行参数，巡视周期参照变电站巡视周期执行。应结合例行巡视、全面巡视、熄灯巡视和特殊巡视开展检查。

1. 例行巡视

检查项目及要求如下：

（1）隔直装置的信号、面板指示正常，开关、把手位置正确。

（2）隔直装置柜（室）通风设备工作正常，无受潮，接地良好。

（3）绝缘体表面清洁，无破损、裂纹、放电痕迹。

（4）中性点隔直隔离开关位置正确，与运行方式相符，引线接头完好，无过热迹象。

（5）无异常振动、异常声音及异味。

（6）测控装置运行正常，控制模式正常，遥测遥信正常，无告警。

（7）原存在的设备缺陷无发展。

2. 全面巡视

在正常巡视的基础上应增加以下项目：

（1）容器无膨胀变形、无渗漏油。

（2）电抗器表面无变色。

（3）隔直装置柜（室）内引线可靠连接，电缆标牌清晰易识别，封堵完好。

（4）无异物、无闪络痕迹。

（5）其他元件无松动、锈蚀、过热等异常。

（6）控制屏内装置工作正常，无告警。

3. 熄灯巡视

检查项目及要求如下：

（1）引线连接部位、线夹无放电、发红迹象。

1）精确测温周期：1000kV，1周；330～750kV，1月；220kV，3月；110(66)kV，半年；35kV及以下，1年。新设备投运后1周内（但应超过24h）。

2）检测范围：中性点电容隔直/电阻限流装置柜体。重点检测电容器、熔断器、高能氧化锌组件、电阻器、放电间隙、互感器、引线接头等。

（2）隔离开关绝缘子无闪络、放电。

4. 特殊巡视

（1）雨雪天气时，检查隔直装置柜（室）内空调、加热器运行是否正常，有无进水受潮情况。

(2) 冰雪天气时，检查隔离开关覆冰情况。

(3) 高温天气时，检查隔直装置柜（室）通风设备工作是否正常，元器件有无过热迹象。

(4) 变压器发生故障跳闸、过载运行、外部过电压、系统谐振等异常状况后，检查隔直装置内部元器件是否完好，有无放电、异味，隔离开关有无烧损。

(5) 直流输电单极大地回路运行方式时或旁路开关变位后，检查隔直装置内部元器件是否完好，各类指示、信号是否正确。

(6) 隔直装置新投运、大修后或长期停运后投运时，检查隔直装置内部元器件是否完好，各类指示、信号是否正确。

2.3.3 例行检修内容及周期

对于例行检修周期，在本部分所列基准周期 3 年的基础上，结合变压器检修，依据所属设备状态、地域环境等酌情延长或缩短周期，调整后的周期应与电容型隔直装置安装的变压器检修周期一致。

1. 整体检修

(1) 安全注意事项。

1) 仪器仪表、工具材料及大型机具摆放到位，并与周围带电设备保持足够的安全距离。

2) 装置确认无电压并充分放电。

3) 按厂家规定正确吊装设备，必要时使用揽风绳控制方向，并设专人指挥。

(2) 关键工艺质量控制。

1) 吊装应按照厂家规定程序进行，使用合适的吊带进行吊装。

2) 对支架、基座等铁质部件进行除锈防腐处理。

3) 接地可靠，无松动及明显锈蚀等现象。

4) 外观检查无锈蚀、无灰尘。

5) 清洁瓷套外观，无破损。

6) 设备内清洁完好，无任何遗留物。

7) 二次接线良好，无松动，防护套无损坏。

8) 二次回路绝缘电阻大于 5MΩ。

9) 主回路导通测试满足规程要求。

10) 接地导通测试满足规程要求。

11) 转换功能检查正确。

12）上传信号核对正确。

2. 电容器检修

（1）安全注意事项。

1）检查并确认安全措施已布置到位。

2）电容器已充分放电。

3）拆、装电容器时，应做好防止电容器摔落安全措施。

（2）关键工艺质量控制。

1）电容器表面油漆无脱落、锈蚀，本体无鼓肚、渗漏油。

2）瓷套外观清洁无破损，端子螺杆应无弯曲、无滑扣，垫片齐全。

3）本体绝缘不小于2000MΩ。

4）电容量测试结果与出厂值误差不大于5%。

5）电容器安装好后检查接线板安装正确，无变形、开裂。

6）工作结束前，确认全部临时短路线和临时接地线均已拆除。

3. 电子旁路开关检修

（1）安全注意事项。

1）相邻电容器充分放电。

2）拆装时应做好防止摔落安全措施。

3）检修时应有晶闸管专业技术人员指导。

（2）关键工艺质量控制。

1）各部分电气连接紧固、无松动。

2）绝缘无破损，绝缘子无裂痕、无闪络痕迹。

3）固定晶闸管阀组的弹簧受力应符合技术规范要求。

4）内部光纤可靠插接，接头、端子无松动。

5）阀导通、关断测试结果正常，动作电压符合整定值。

4. 机械旁路开关检修

（1）安全注意事项。

1）检查并确认安全措施已布置到位。

2）断开与断路器相关的各类电源并确认无电压，并充分释放能量。

（2）关键工艺质量控制。

1）外绝缘清洁、无破损。

2）螺栓应对称均匀紧固，力矩符合产品技术规定。

3）分、合闸指示与本体实际分、合闸位置相符。

4）合、分闸过程中无异常卡滞、异响。

5）主回路接触电阻测试符合产品技术要求。

6）触头的开距及超行程符合产品技术规定。

5. 高能氧化锌组件检修

（1）安全注意事项。

1）相邻电容器充分放电。

2）拆装时应做好防止摔落安全措施。

3）按厂家规定正确选用吊装设备，使用揽风绳控制方向，并设专人指挥。

（2）关键工艺质量控制。

1）搬运、吊装氧化锌组件时，使用合适的材料将瓷套包裹好，防止瓷套受损。

2）氧化锌组件应按技术文件或铭牌标识进行编组安装。

3）安装前，应取下运输时用于保护防爆膜的防护罩，安装过程中，防爆膜不应受损伤。

4）接线板表面无氧化、划痕、脏污，接触良好。

5）安装氧化锌组件垂直度应符合制造厂的规定，其铭牌应位于易于观察的同一侧。

6）氧化锌组件的排气通道应通畅，排出的气体不得喷及其他电气设备。

7）氧化锌组件高、低压引线排的连接不应使端子受到额外的应力，其截面应满足制造厂家要求。

8）瓷套外观清洁无破损。

9）绝缘基座外观清洁无破损，固定螺栓无锈蚀。

6. 互感器检修

（1）安全注意事项。

1）检查并确认安全措施已布置到位。

2）相邻电容器已充分放电。

（2）关键工艺质量控制。

1）安装前核对铭牌应准确无误。

2）拆、装互感器时，其外壳不得磕碰、摩擦。

3）金属部位无锈蚀，底座、支架固定牢固，无倾斜变形。

4）外绝缘表面清洁、完好。

5）电流互感器极性安装正确。

6）互感器接地端、一、二次接线端子接触良好，无锈蚀，标志清晰。

7）互感器外壳接地是否牢固。

7. 例行检查

（1）安全注意事项。

1）断开与装置相关的各类电源并确认无电压。

2）接取低压电源时，检查漏电保安器动作可靠，正确使用万用表。

3）拆下的控制回路及电源线头所作标记正确、清晰，防潮措施可靠。

4）电容器充分放电。

（2）关键工艺质量控制。

1）框架及元件接地可靠，无松动及明显锈蚀等现象。

2）瓷套外观清洁无破损。

3）绝缘子铸铁法兰无裂纹，胶接处胶合良好，无开裂。

4）内部各连接件固定牢固、无松动，各设备无移位。

5）电阻器本体完好无破损、无变形。

6）电容器表面清洁，无渗漏油。

7）电抗器表面无变色。

8）晶闸管连接紧固、绝缘无破损。

9）旁路开关合、分闸位置指示正确。

10）隔离开关合、分闸位置指示正确。

11）电气及机械闭锁动作可靠。

12）内部光纤可靠插接，接头、端子无松动。

13）冷控、通风设备运行正常。

14）监测装置无报警。

15）遥信、遥测量与装置运行情况一致。

2.3.4 例行试验

1. 功能试验

对于带有机械式旁路开关的电容型隔直装置，应开展功能试验。

手动模式试验：在手动模式下，手动操作装置旁路机械开关，合闸、分闸动作正常，显示信息正确。

自动模式试验：在自动模式下，进行以下试验，装置动作正常，显示信息正确。

试验1：直接接地方式转换为隔直方式。装置运行在直接接地方式下，对主回路施加 0.9I_{dc}直流电流，装置不动作；对主回路施加 1.1I_{dc}直流电流，在达到预设启动时间后装置动作，状态转换时间小于 60ms，显示信息正确。

试验 2：隔直方式转换为直接接地方式。装置运行在隔直方式下，在电容器两端施加 1.1U_{dc}直流电压，装置不动作；将电容器两端电压降低至 0.9U_{dc}，在达到预设启动时间后装置动作，状态转换时间小于 60ms，显示信息正确。

试验 3：隔直方式转换为直接接地方式。装置运行在隔直方式下，对主回路施加 0.9I_{ac}交流电流，装置不动作；对主回路施加 1.1I_{ac}交流电流，装置动作，运行方式转换时间小于 50ms，显示信息正确。

以上试验中，试验 1 按图 2-16 进行试验，试验 2 按图 2-17 进行试验，试验 3 按图 2-18 进行试验。电阻 R_1 和 R_2 满足电源功率限制。

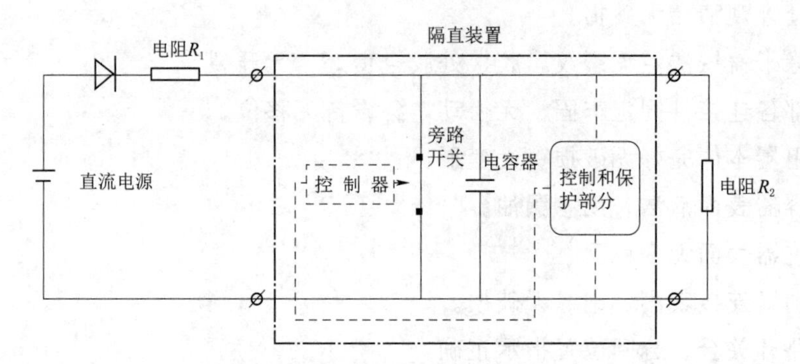

图 2-16　直接接地方式转换为隔直方式（试验 1）试验回路示意图

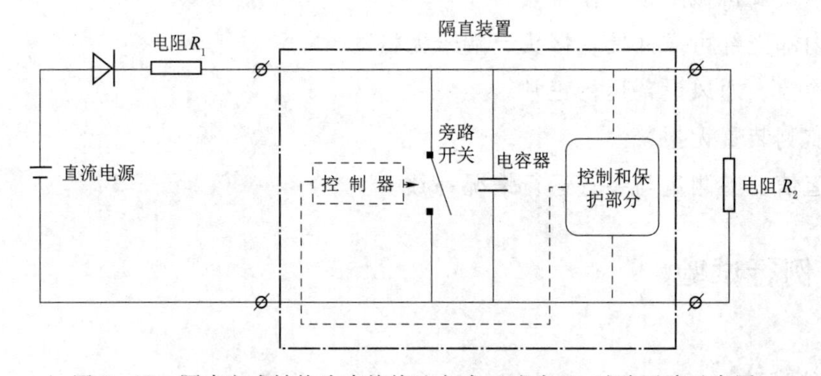

图 2-17　隔直方式转换为直接接地方式（试验 2）试验回路示意图

2. 交流电流误差测量

试验与判定方法按《测量用电流互感器》（JJG 313—2010）检定规程进行。例行试验时，进行变比检查。测控装置交流电流测量误差不超过±5%。试验中所用的标准互感器符合《测量用电流互感器》（JJG 313—2010）对标准器的要求。

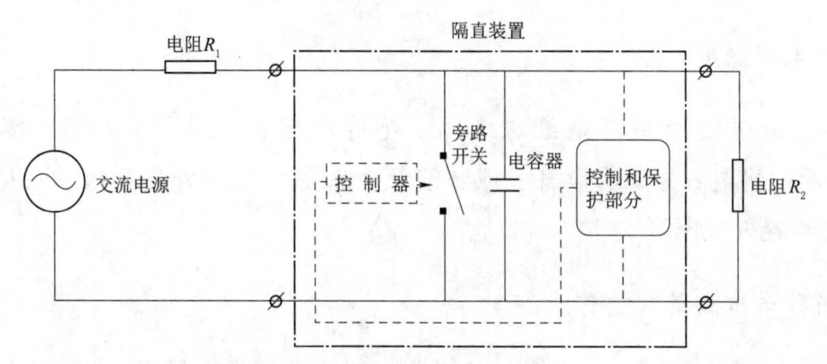

图 2-18　隔直方式转换为直接接地方式（试验 3）试验回路示意图

（1）标准互感器一次绕组的极性端和测控装置一次绕组的极性端连接，标准互感器二次绕组的极性端和测控装置二次绕组的极性端连接。

（2）电流互感器二次极性端与误差测量装置的差流回路极性端连接，二次测量回路接地端与差流回路非极性端连接，差流回路两端电位尽量相等并等于地电位。

（3）一次绕组极性端尽量接近地电位。

3. 直流电流误差测量

试验与判定方法按《测量用电流互感器》（JJG 313—2010）进行。例行试验时，进行传输比检查。测控装置直流电流测量误差不超过±5%。

测量直流电流误差时注意如下事项：

（1）试验中所用的标准传感器符合《测量用电流互感器》（JJG 313—2010）对标准器的要求。

（2）试验接线判定方法与交流电流误差测量相同。

4. 直流电压误差测量

试验与判定方法按《测量用电压互感器检定规程》（JJG 314—2010）进行。例行试验时，进行变比检查。测控装置直流电压测量误差不超过±5%。

测量直流电压误差时注意如下事项：

（1）试验中所用的标准传感器符合《测量用电压互感器检定规程》（JJG 314—2010）对标准器的要求。

（2）试验接线判定方法与交流电压误差测量相同。

5. 电容量测量

按照《高压并联电容器使用技术条件》（DL/T 840—2016）的要求进行电容器电容量测量，测量时可采用电压电流法或电桥法。例行试验时，电容量实测值与出厂值之差不超过电容量出厂值的±5%。

6. 绝缘电阻测量

测量装置带电主回路对地绝缘电阻，绝缘电阻值大于 2500MΩ，测量电压为 2500V。试验中将电容器、旁路开关或高能氧化锌等与装置外壳连接的带电组件两端短接，并与装置外壳断开。

7. 电抗器电抗测量（如有）

对于带串联电抗器的有源电容型隔直装置，可利用电压电流法或电桥法进行电抗器电抗测量，按《高压并联电容器用串联电抗器订货技术条件》（DL 462—1992）的要求进行。例行试验时，电抗实测值与出厂值之差不超过出厂值的±10%。

8. 旁路机械开关回路电阻测量（如有）

对于带旁路机械开关的有源电容型隔直装置，进行旁路机械开关回路电阻的测量。宜采用不小于 100A 电流，按《高压开关设备和控制设备标准的共用技术要求》（GB/T 11022—2020）的要求进行。例行试验时，旁路机械开关回路电阻实测值与同温下出厂值之差不超过出厂值的±5%。

9. 高能氧化锌组件直流 10mA 电压（U_{10mA}）及 0.5U_{10mA}下漏电流试验（如有）

对于带高能氧化锌组件的电容型隔型直装置进行高能氧化锌组件直流 10mA 电压（U_{10mA}）及 0.5U_{10mA}下的漏电流试验。试验按照《发电机灭磁及转子过电压保护装置技术条件　第 2 部分：非线性电阻》（DL/T 294.2—2011）的要求进行，可单独对单柱或者同时对多柱进行试验。例行试验时，U_{10mA}实测值与制造厂规定值之差不超过规定值的±5%，0.5U_{10mA}下单柱高能氧化锌组件漏电流不大于 100μA 或符合装置技术条件的要求。

10. 间隙工频放电试验（如有）

对于带保护间隙的电容型隔直装置进行间隙工频放电试验，按照《高电压试验技术　第 1 部分：一般定义及试验要求》（GB/T 16927.1—2011）的要求进行，在间隙进线端子与接地端子 N 之间施加工频电压，试验电压从零开始，逐步升压，当电压高于 75%试验电压时，以 2%试验电压/s 的速率上升，迅速升压到间隙放电为止，此时的电压为工频放电电压。每次放电后，在 0.2s 内切断工频电源。每连续两次试验时间间隔不小于 10s，进行 3 次测量。每次测得放电电压值小于电容器绝缘水平，且试验过程中无沿面放电、闪络现象。

2.3.5 不同设备状态下的检修策略

1. 装置本体锈蚀严重

检修策略：开展C类检修，对装置本体进行防腐处理。

2. 电容器故障接地运行状态下电容器击穿故障报警

（1）故障描述：电容器接地运行状态下，电容器击穿故障报警。

（2）检修策略：开展B类检修，更换电容器。

3. 机械旁路开关故障

（1）故障描述：

1）隔直装置直接接地状态下，旁路开关闭合状态，当直流电流越限且超过定值时限，旁路开关未分闸。

2）隔直装置电容器接地运行状态下，机械旁路开关分闸状态，当直流电压越限且超过定值时限，机械旁路开关未闭合。

（2）检修策略：开展C类检修或B类检修，检查机械旁路开关，必要时更换机械旁路开关。

4. 电抗器故障

（1）故障描述：电阻值初值差不得超过5%或相间相差超过2%，电抗值与出厂值变化大于10%。

（2）检修策略：开展B类检修，必要时更换电抗器。

5. 放电间隙故障

（1）故障描述：间隙表面有脏污、放电痕迹、裂纹。

（2）检修策略：开展C类检修或B类检修，清洗维护放电间隙，必要时更换放电间隙。

6. 高能氧化锌组件故障

（1）故障描述：

1）直流1mA电压（U_{1mA}）及在$0.75U_{1mA}$下漏电流测量U_{1mA}初值差不超过5%且不满足《金属氧化锌避雷器》（GB 11032—2020）规定值（把具体数值写出）或产品要求值。

2）0.75U_{1mA}漏电流初值差大于30%或大于50μA。

（2）检修策略：开展B类检修，必要时更换高能氧化锌组件。

7. 电子旁路开关故障

（1）故障描述：电容器接地运行状态下，电容器击穿故障报警。

（2）检修策略：开展B类检修，更换电子旁路开关。

8. 控制电源故障

（1）故障描述：装置异常或失电。

（2）检修策略：开展C类检修，查找故障点，进行修复。

9. 辅助电源故障

（1）故障描述：空调、照明、风扇等设备停运。

（2）检修策略：开展C类检修或B类检修，查找故障点，进行修复，对损坏的元件进行检修或更换。

10. 互感器故障

（1）故障描述：正常运行工况下，电流、电压数值异常。

（2）检修策略：开展C类检修，开展电流、电压数值检测，必要时更换传感器。

11. 红外测温异常

（1）故障描述：电流回路出现过热异常。

（2）检修策略：开展C类检修或B类检修，查明原因，及时处理发热缺陷。

2.4 电容型直流偏磁抑制装置典型故障案例

2.4.1 快速开关断开执行回路故障

1. 缺陷情况

某日，220kV某变电站报2号、3号主变压器中性点隔直装置故障动作，现场检查2号、3号主变压器中性点隔直装置显示“快速开关断开执行回路故障”，现场复归后故障消除。显示屏上显示快速开关重复断合数次，但快速开关实际为断开状态，快速开关故障信号见图2-19。

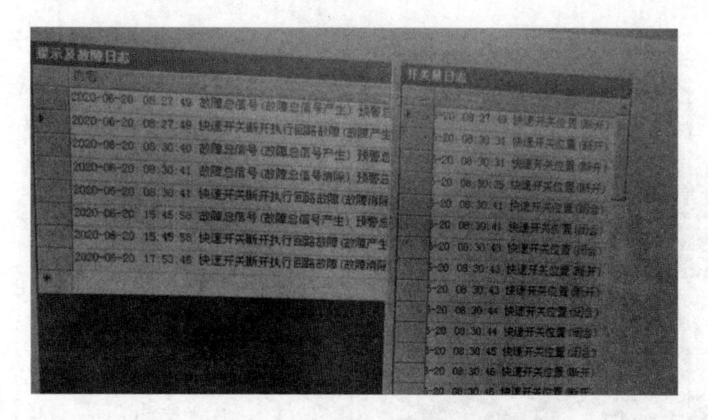

图 2-19 快速开关故障信号

2. 处理过程

检修人员查看运行日志发现自 6 月 20 日后未再产生告警信号，每日快速开关位置采样信号皆正确。检修人员对快速开关进行重复操作，开关分合闸都能正确动作且位置采样信号均正确。隔直装置快速开关见图 2-20。

隔直装置上告警信号为“快速开关断开执行回路故障”，厂家技术人员表示快速开关正常状态为分位，只有在变压器遭受近区故障，零序电流过大（可能造成隔直装置电容损坏）时，快速开关才会自动合闸将变压器中性点直接接地以保护隔直电容，而在零序电流下降至一定值后隔直装置系统即会自动分闸快速开关，恢复电容接地状态，隔直装置接线图见图 2-21。因此该故障信号“快速开关断开执行回路故障”应为系统判定快速开关合闸后，发送跳闸指令但快速开关并未执行时发出该告警信号。

图 2-20 隔直装置快速开关

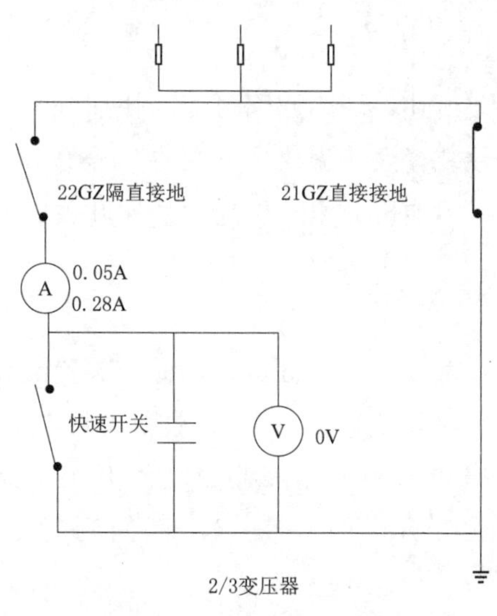

图 2-21 隔直装置接线图

检修人员现场模拟在分闸状态下通过短接快速开关“合位”位置信号，一定延时后装置出现“快速开关断开执行回路故障”告警，与此前逻辑分析和故障信号一致。

图 2-22 快速开关位置辅助开关

初步判断缺陷原因为快速开关隔直装置误判快速开关在“合位”，跳闸未成功造成该缺陷。鉴于该故障此前重复发生，检修人员认为存在两种可能原因：一是快速开关的位置辅助开关绝缘不良引起误发合闸位置信号；二是隔直装置系统内部板件故障导致隔直装置判断“快速开关实际位置”错误。

对该快速开关的位置辅助开关进行检查，快速开关位置辅助开关见图 2-22，从外观上看并无异常，接点无粘连；用万用表测得其在分合闸状态下切换正确，辅助节点通断均正确。由于故障已自动复归，难以验证准确的故障原因，为防止重复停电消缺现场检修人员更换快速开关的位置辅助开关，更换位置辅助开关后，对快速开关重复操作，动作均正常，且信号指示正确。后续如装置运行正常则说明故障原因即为辅助开关引起，如相同故障再次发生则说明系统内部板件可能损坏。

3. 原因分析

综上所述，缺陷原因可能为快速开关的位置辅助开关故障或隔直装置控制系统故障，导致装置误认为快速开关在“合位”，下达断开指令，但快速开关实际已经在分闸状态，不能再分闸，引起“快速开关断开执行回路故障”告警。

4. 建议与措施

（1）做好备品准备工作，提前购置隔直装置开入板备品。

（2）如装置后续运行正常则说明故障原因即为辅助开关引起，如今后仍出现相同故障可以用万用表测量辅助开关节点直流电压，如为 24V 则判断快速开关辅助接点为断开，如为 0～1V 区间则判断快速开关辅助接点为闭合，方便进一步处理。

（3）对该隔直装置加强跟踪观察，如再发生同样缺陷及时安排检查处理。

2.4.2 隔直装置中性点直流电流互感器故障

1. 缺陷情况

220kV某变电站报2号、3号主变压器中性点隔直装置故障告警频发缺陷。现场查看发现隔直装置的两只直流电流传感器读数不一致。直流电流传感器见图2-23。

图2-23 直流电流传感器

2. 处理过程

2号、3号主变压器隔直装置改为检修状态，检修人员检查装置中性点电流读数，一只TA显示电流为25.58A，另一只显示电流为0.23A，系统故障指示灯亮。由于此时中性点隔离开关已断开，实际应无直流电流，因此确认第一只TA存在故障。

现场更换该TA，更换后两只TA电流示数一致，故障告警复归，系统运行正常。

3. 原因分析

缺陷原因为隔直装置内一只直流电流传感器故障，导致中性点电流读数不一致，引起故障告警。直流传感器的输出电流既供运检人员监控使用，也为控制装置提供电流参数。鉴于该传感器的重要性，发生故障后必须快速更换，而隔直装置退出运行的前提条件是直流输电系统无直流单极大地运行，所以需要尽量减少更换的时间。处理时需拆除中性点的连接排，将隔直装置退出运行。

4. 建议与措施

(1) 隔直装置一旦发生中性点直流电流越限告警，可先现场查看隔直装置上的两路直流电流数值，观察其是否一致；然后使用钳形电流表测量中性点电流，判断传感器的测量电流是否准确、隔直电容是否发生短路故障。

（2）通过插拔直流电流传感器的接线端子，看电流是否发生对应变化，判断传感器是否故障。

（3）如确认为传感器故障，更换时需要将隔直装置退出运行。

2.4.3 隔直装置中性点直流电流互感器读数异常

1. 缺陷情况

某日，运行人员对220kV某变电站报1号、2号主变压器110kV侧中性点隔直装置进行巡检时发现，1号、2号主变压器110kV侧中性点隔直装置的上位机和后台均报“DCTA故障（超差）”信号。检修人员查看变压器中性点电流消除装置的使用说明书，初步判断“DCTA故障（超差）”信号对应的事件原因为TA1超差或TA2故障。

2. 处理过程

检修人员现场，观察控制面板界面指示，发现DCTA1电流保持为11.53A，远高于变压器正常的运行值。

直流电流消除装置由电容器、机械旁路开关和快速旁路回路并联而成，接于变压器中性点和地之间，一次系统图见图2-24。在没有直流电流经变压器中性点时，机械旁路开关为合上位置，变压器中性点直接接地。当直流电流传感器检测到流经变压器中性点的直流电流超过限值时，机械旁路开关转为断开位置，使电容器投入，起到阻隔直流电流的作用。

DCTA1的采样值保持为11.53A，且机械旁路开关位于断开位置，查看运行记录发现变压器中性点曾经有大的直流电流通过，装置正确动作并投入电容器。理论上，由于电容器的隔直作用，直流电消失，DCTA1检测电流应该恢复较小值。实际状况与理论分析不符，判断有可能是DCTA1内部性能不佳引起直流采样无法复归。

直流电流传感器正常工作时，其一次绕组和二次绕组的磁通互相抵消，磁芯的磁通为0。然而当一次绕组过载时，若二次输出受限，直流电流传感器二次侧实际电流会比理论电流小，磁平衡被打破，磁芯就会饱和。由于传感器内部滤波电容性能不佳，传感器无法通过滤波电容构成回路来消除磁场能量，磁芯发生饱和后导致剩磁。最终在剩磁的作用下，直流电流传感器在一次没有输入的情况下，二次侧仍会有一定的直流信号的输出。从原理上看，磁芯饱和与上位机显示保持11.53A的现象相吻合。

对装置进行停电检修，运行人员停掉1号、2号主变压器110千伏侧中性点隔直装置。先断开传感器基准电源的空气开关，使二次侧电流为0，待磁芯剩磁消除后，

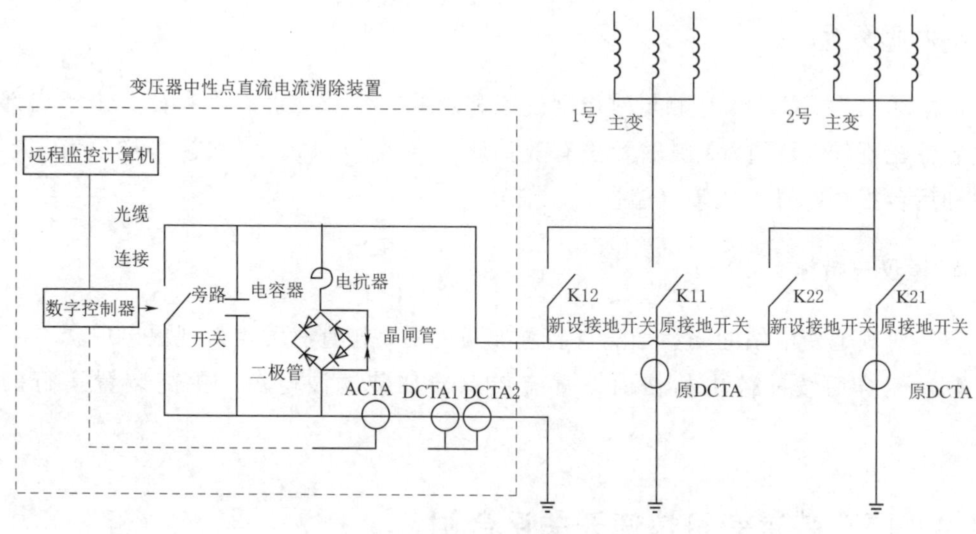

图 2-24　直流电流消除装置一次系统图

再合上该空气开关并重启传感器后发现，DCTA 故障（超差）信号复归，DCTA1 的采样电流变为 1.07A，恢复正常值，这进一步验证了磁饱和是导致“DCTA 故障（超差）”信号告警的原因。

为避免再次出现磁芯饱和使 DCTA 测量有误的缺陷，考虑到厂家设计和使用的电容器不佳，在与厂家研发人员充分沟通后，提出了“DCTA 故障（超差）”信号告警的整改方案，即在传感器的基准电压端并联接一只电解滤波电容，见图 2-25 和图 2-26。

图 2-25　整改前的传感器

图 2-26　整改后的传感器

3. 原因分析

缺陷原因为DCTA1在测量时出现磁饱和现象并导致磁芯存在剩磁。由于内部滤波电容性能不佳，DCTA1剩磁无法有效消除，导致DCTA1二次侧采样值有误，上位机和后台报“DCTA故障（超差）”信号。

4. 建议与措施

(1) 对其他变电站的同型号隔直装置加强巡视，排查有无类似现象出现。

(2) 配合后续的停电检修时，直流传感器加装滤波电容，提高装置运行的可靠性。

2.4.4 隔直装置旁路快速开关误合闸

1. 缺陷情况

某变电站1号、2号主变压器隔直装置正常为电容接地状态，2021年2月28日20时50分，该1号、2号主变压器隔直装置旁路快速开关自动合闸（隔直装置切换为直接接地状态），待值班人员赶到现场该隔直监测装置还未自动分闸旁路快速开关。

隔直监测装置直接接地指示灯显示隔直装置处于直接接地状态，而隔直装置监控系统界面显示装置在电容接地状态，隔直监测装置显示灯与监测系统位置不一致。

备注1：隔直装置旁路快速开关合闸逻辑。电容接地状态下，当电容两端电压超过快速旁路启动门限V_H时，快速旁路系统启动（合上旁路快速开关），装置进入直接接地状态，本处电容器过电压设定值为2600V。

备注2：隔直装置旁路快速开关自动分闸逻辑。直接接地状态下，旁路快速开关处于合闸状态且中性点直流电流大于设定值（0A），延时设定时间（2s）后，将自动执行分闸操作。

2. 处理过程

值班员现场检查隔直监测装置历史记录发现，当日20时50分左右，监测装置后台没有开关变位记录，而旁路快速开关实际发生合闸动作，进一步检查发现当时监测装置后台系统处于死机状态，初步判断当时是监测装置死机造成旁路快速开关误合闸。

经初步判断本次故障原因为隔直监测装置后台系统死机，因此按照专业意见，值班员通过操作把手将远方/就地控制开关切换到就地位置，用装置上控制开关操作把手手动分开快速旁路快速开关，然后重启隔直监测后台监控系统，隔直监测装置及后台系统均恢复正常状态。手动操作旁路快速开关界面见图 2-27，旁路快速开关手动操作后开关分闸状态见图 2-28。

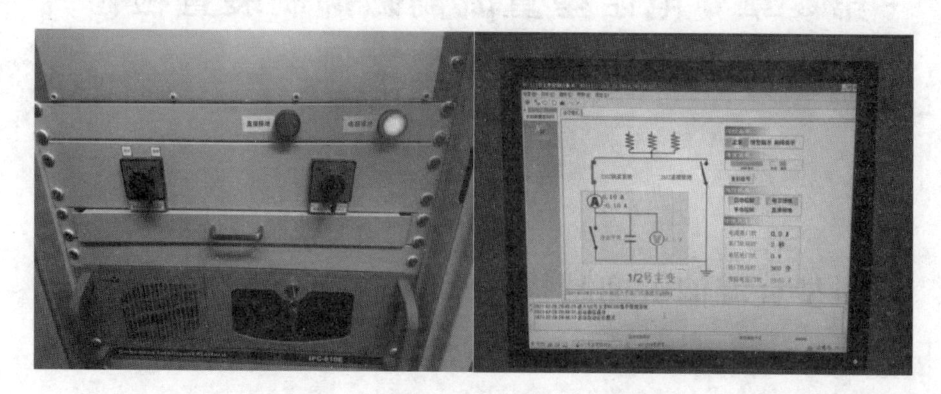

图 2-27　手动操作旁路快速开关界面

3. 原因分析

经检查隔直监测状态后台系统历史记录：当日 20 时 50 分左右，波形图中中性点电流出现一个尖峰脉冲（电流－12.5A，应是干扰脉冲），此后旁路快速开关合闸，但后台系统开关量日志显示快速开关依然在断开状态。根据波形图显示，装置重启之前有一段时间没有历史数据的记录，说明装置此前已经在死机状态，故无法自动分开旁路快速开关。现场重启程序后，21 时 13 分左右手动操作开关，装置动作正常，后台显示恢复正常。因此可以判断，此次合闸属于电磁干扰引起隔直装置后台监测系统死机造成的误合闸。

图 2-28　旁路快速开关手动操作后开关分闸状态

4. 建议与措施

（1）对该型号的隔直装置加强巡视，排查有无类似装置死机现象，如有应及时重启。

（2）对类似故障做好统计分析，确定故障深层原因并研究预防措施。

第3章　电阻型直流偏磁抑制装置检修策略及典型案例

3.1　电阻型直流偏磁抑制装置原理

3.1.1　概述

直流输电系统单极大地回路方式或双极不平衡方式运行不可避免，当发生此种运行情况时，直流分量会通过交流变压器中性点流入并经交流输电系统传播，引发直流偏磁现象。

图3-1所示系统为直流输电双极运行方式，当一极未投运时就转换为图3-2所示运行模式。

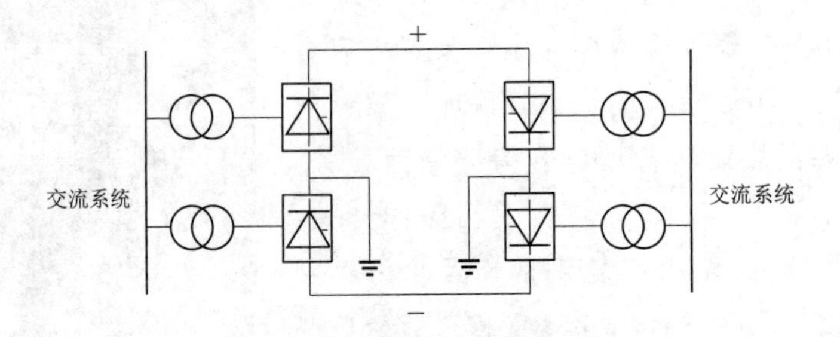

图3-1　直流输电双极运行方式

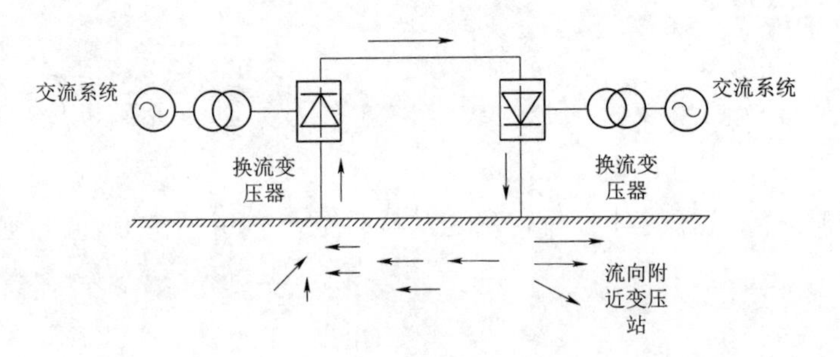

图3-2　直流输电单极以大地回路方式运行

当系统以双极不对称方式或者单极大地回路方式运行时，系统接地极将向大地注入大量的直流电流（几百安培到几千安培），这些电流在以接地极为中心的一个很大范围之内形成电流场，在不同的位置感应出高低不同的电势，如果此时有变电站处于这个范围之内，直流电流将通过站内变压器的接地中性线侵入变压器绕组并流向交流系统，从而引发变压器的直流偏磁。

直流偏磁的危害有：引起的半波饱和使得运行噪声和振动加剧；使半波深度饱和的变压器励磁电流中出现偶次谐波；引起变压器饱和，励磁电流大大增加，使变压器无功损耗增加，从而引起系统电压下降；引起波形严重畸变，会导致部分继电保护装置误动或拒动。

变压器正常运行时和直流偏磁状态下的励磁电流分别见图 3-3 和图 3-4。

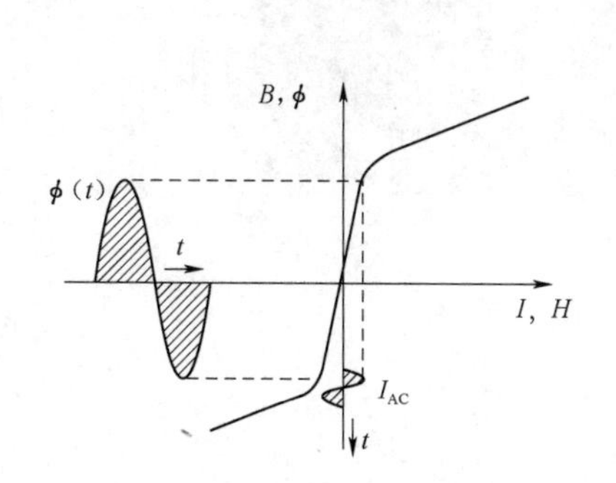

图 3-3　变压器正常运行时的励磁电流

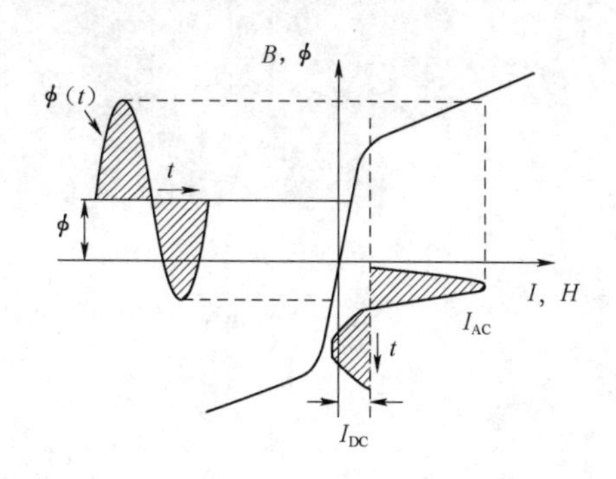

图 3-4　直流偏磁状态下变压器的励磁电流（正半周严重畸变）

1. 直流偏磁对不同铁芯结构和联结组别变压器感应电动势的影响

三相五柱式和三相三柱式变压器截面图见图 3-5。YNd 和 YNy 联结组别电路图见图 3-6 和图 3-7。三柱式变压器励磁电流仿真波形及谐波分析见图 3-8。

直流偏磁对 YNy 和 YNd 联结的五柱式变压器励磁电流的影响探究，图 3-9 为 3 种直流偏置系数下，五柱式变压器励磁电流仿真波形以及傅里叶分析结果。相对于三柱式变压器，直流偏磁使得五柱式变压器励磁电流波形幅值和畸变程度增加，且畸变程度随着直流偏置系数的增加而增大；当五柱式变压器采用 YNy 联结组别时，励磁电流波形畸变比较严重，且出现较大的偶次谐波，当直流偏置系数为 1.5 时，2 次谐波电流标幺值可达 58%；而当五柱式变压器采用 YNd 联结组别时，励磁电流中的谐波含量明显降低，尤其是偶次谐波含量得到了明显的削弱。

2. 直流偏磁对叠片铁芯磁致伸缩的影响

直流偏磁下电工钢片磁致伸缩效应是加剧电力变压器本体振动的主要原因。电力

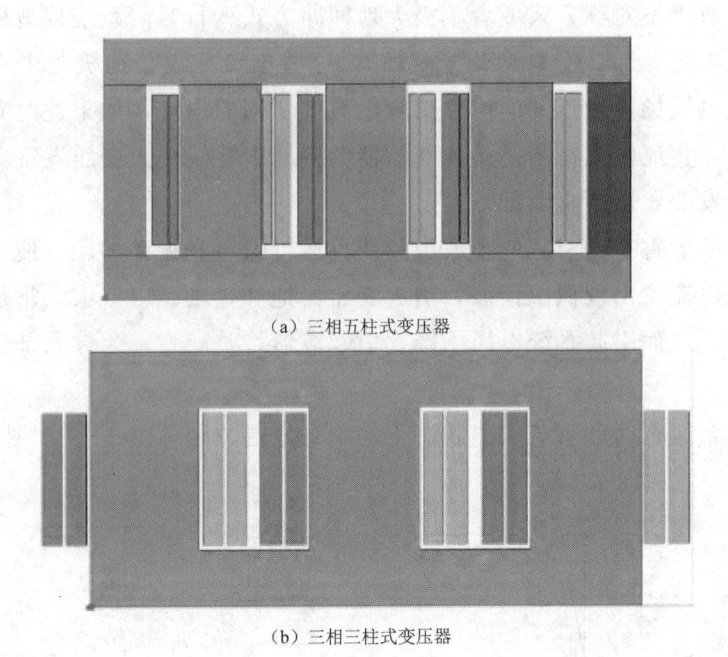

(a) 三相五柱式变压器

(b) 三相三柱式变压器

图 3-5　两种变压器的二维截面图

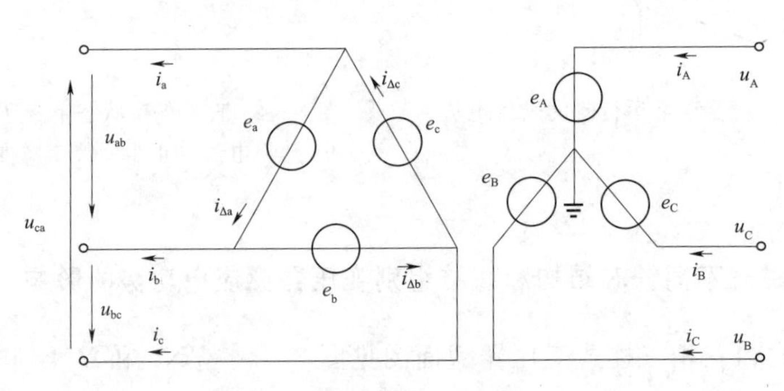

图 3-6　YNd 联结组别电路图

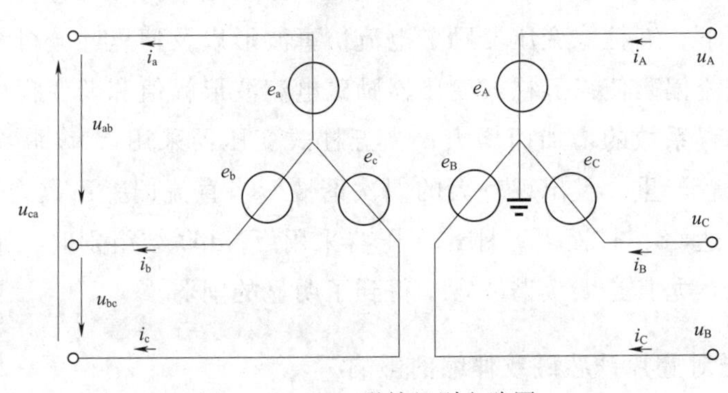

图 3-7　YNy 联结组别电路图

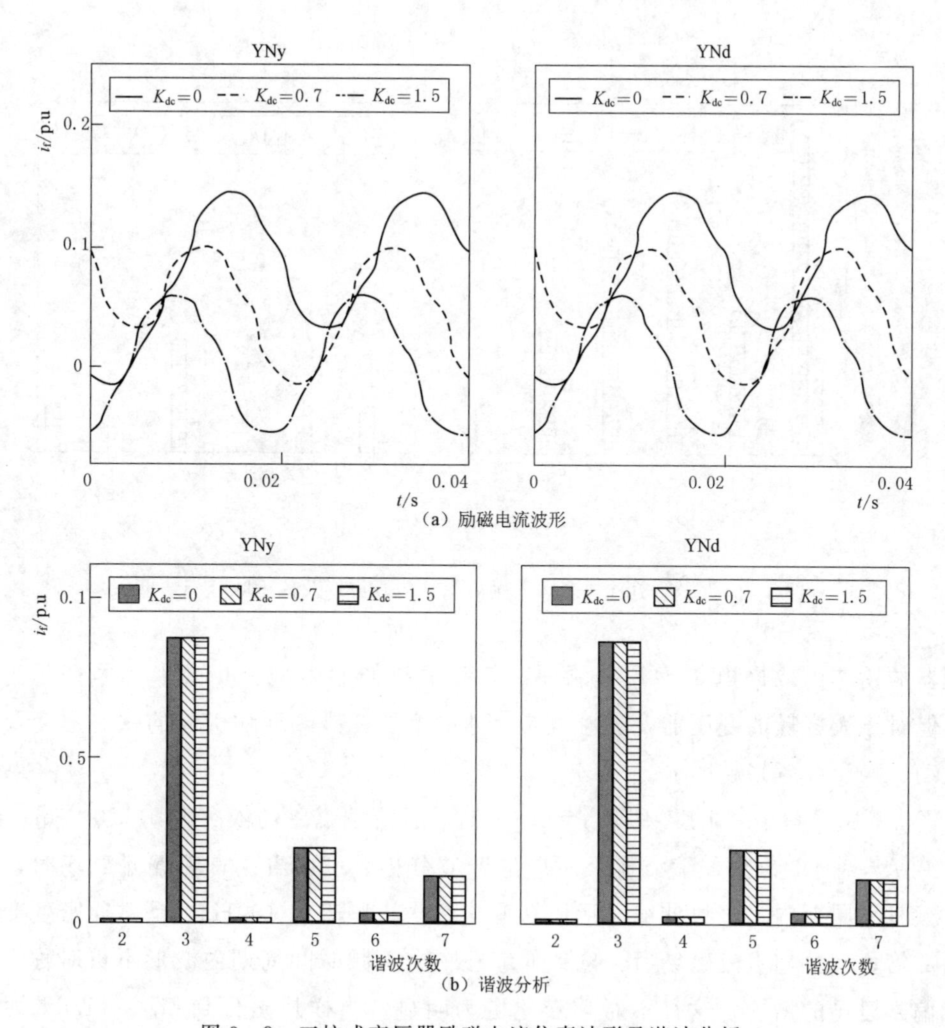

图 3-8 三柱式变压器励磁电流仿真波形及谐波分析

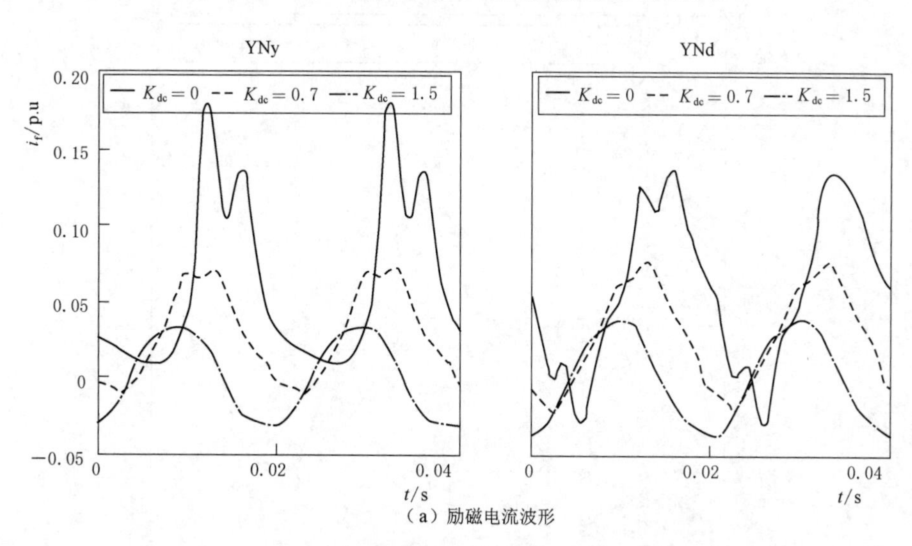

图 3-9（一） 五柱式变压器励磁电流仿真波形及傅里叶分析结果

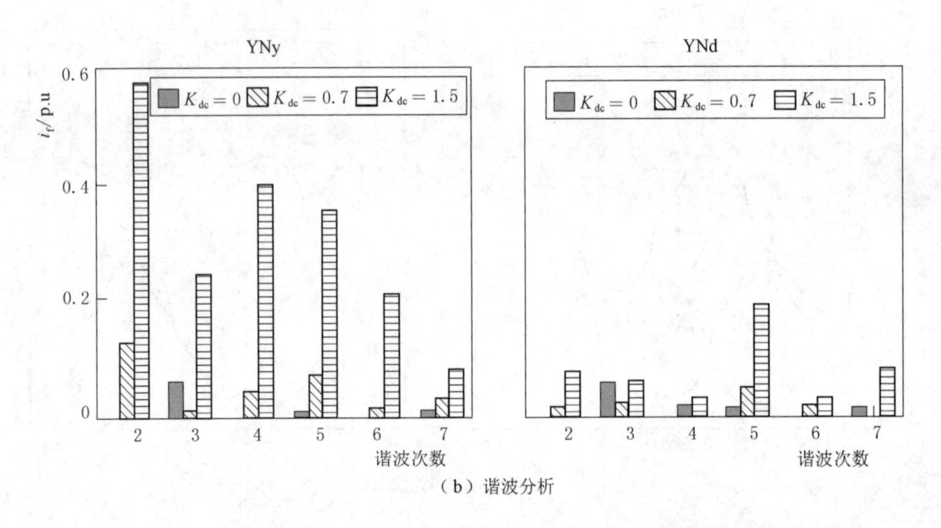

（b）谐波分析

图 3-9（二） 五柱式变压器励磁电流仿真波形及傅里叶分析结果

变压器的铁芯由取向电工钢片叠制而成，其磁致伸缩为每米几微米，尽管形变很微小，但对于大容量的变压器，随着铁芯尺寸的增加，磁致伸缩引起的铁芯形变及产生的振动、噪声会越来越明显。

图 3-10、图 3-11 反映 $B_{max}=0.7T$ 时，直流偏磁磁场依次为 0、30A/m、50A/m、100A/m 时的磁致伸缩波形及对应的谐波分析。可以看出，无偏磁磁场时，在一个工频时间周期内，磁致伸缩波形周期变化两次，频率为 100Hz，是磁通密度变化频率的 2 倍；当叠加直流磁场后，磁致伸缩在一个工频时间周期内波形不再对称，而且随着偏磁磁场的增加，这种不对称变化更为明显。当样片磁化到 $B_{max}=1.6T$ 时，如

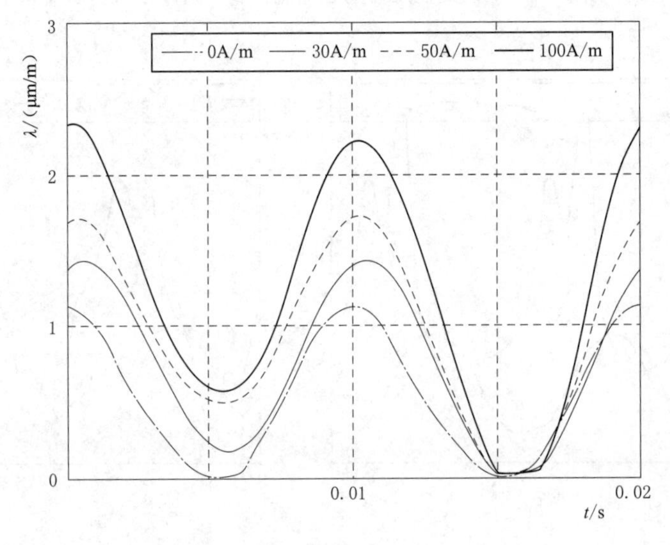

图 3-10 磁致伸缩波形（$B_{max}=0.7T$）

图 3-12、图 3-13，在直流磁场的影响下，磁致伸缩波形在一个工频时间周期内也呈现不对称分布，但不对称情况弱于图 3-10 所示情况。可见，样片被磁化到饱和阶段后，直流偏磁磁场对磁致伸缩峰值的影响会逐渐减弱。

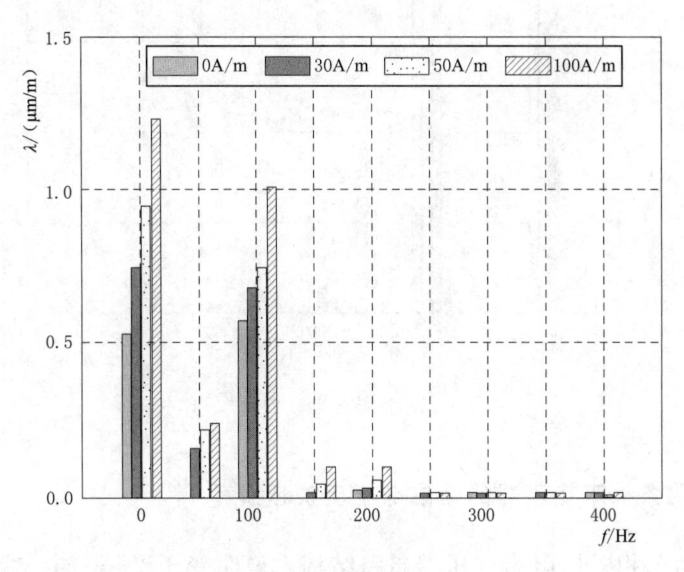

图 3-11　谐波分析（B_{max}=0.7T）

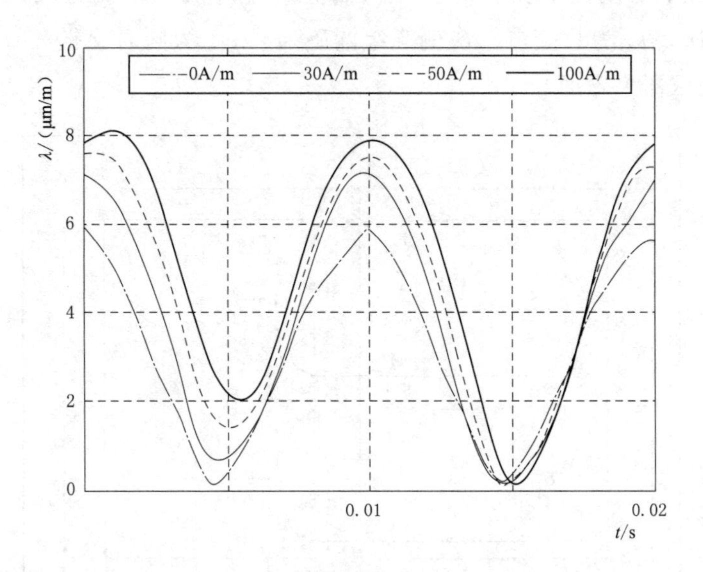

图 3-12　磁致伸缩波形（B_{max}=1.6T）

对磁致伸缩波形进行傅里叶分析可以看出，当有偏磁磁场存在，叠片磁致伸缩波形主要由直流分量、奇次谐波分量和偶次谐波分量组成，其中 0、50Hz、100Hz、150Hz、200Hz 的谐波含量比较大，250Hz 及更高次的谐波含量较小。当叠片饱和后，奇次谐波分量变得很少。

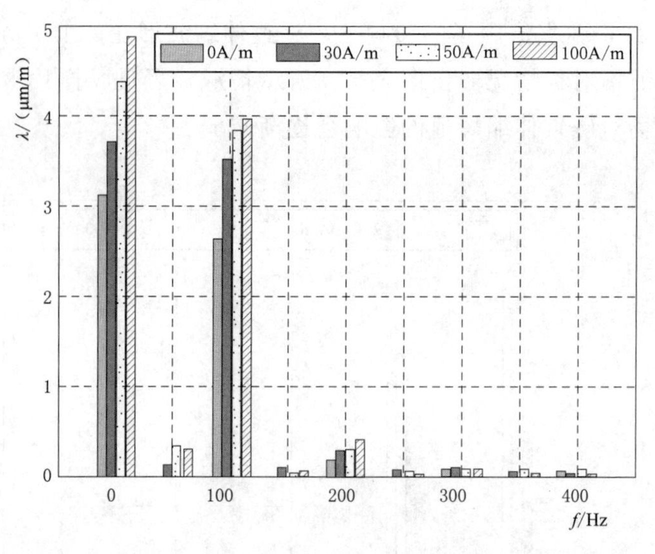

图 3-13　谐波分析（B=1.6T）

3. 直流偏磁条件下变压器的励磁电流及铁芯损耗

图 3-14 为单相三柱电力变压器磁路结构，说明变压器是一个电路与磁路相结合且具有饱和特性的非线性系统。U_1 为一次侧电压；U_2 为二次侧电压；$\phi_{1\sigma}$ 为只交链一次侧绕组漏磁通；$\phi_{2\sigma}$ 为只交链二次侧绕组漏磁通；$\phi_{12\sigma}$ 为同时交链一、二次侧绕组漏磁通；ϕ_m 为变压器主磁通。

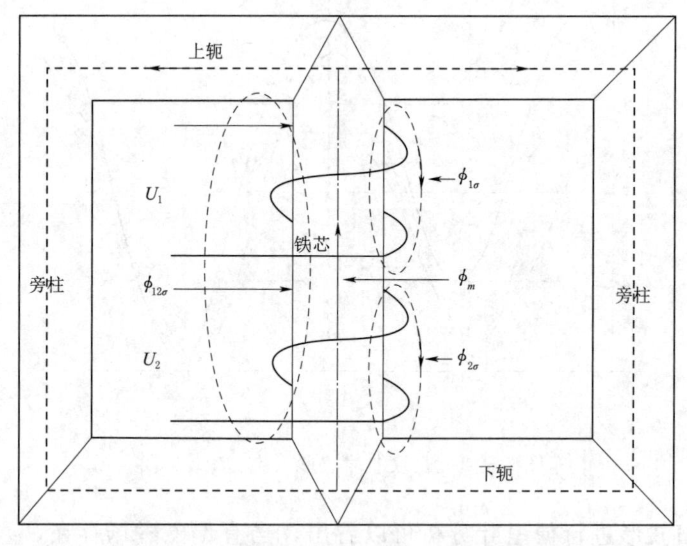

图 3-14　单相三柱电力变压器磁路结构

图 3-15 为理论计算得出的不同直流偏磁下的励磁电流波形。可以看出，发生直流偏磁时，励磁电流向上偏移，正半周期峰值越来越大，负半周期峰值越来越小，且

直流偏磁越大，偏移现象越明显。

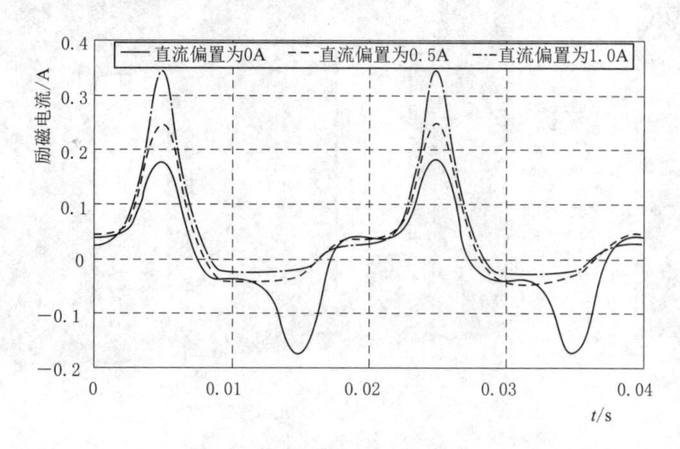

图 3-15　不同直流偏磁下励磁电流波形

图 3-16 为直流偏磁为 0 时的变压器铁芯磁密分布；图 3-17 为直流偏磁为 0.5A 时的变压器铁芯磁密分布；图 3-18 为直流偏磁为 1A 时的变压器铁芯磁密分布。

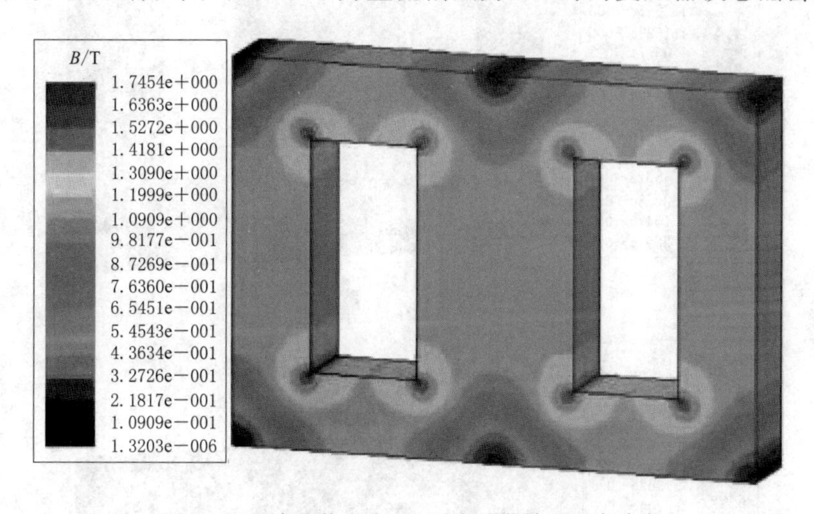

图 3-16　直流偏磁为 0A 时变压器铁芯磁密分布

由图 3-17 可知，当发生直流偏磁时，变压器正、负半周期磁密分布不相等，正半周期磁密平均值约为 1.61T，负半周期磁密平均值约为 1.05T。由图 3-18 可知，正半周期磁密平均值约为 1.73T，负半周期磁密平均值约为 0.85T。

4. 变压器铁芯损耗仿真分析

图 3-19 为理论计算得出的不同直流偏磁电流下的损耗曲线。变压器在空载运行时，空载电流很小，一般只有额定电流的 0.6%～3%，因此，绕组上的有功损耗可以忽略，认为变压器在空载运行时的损耗为磁通在铁芯中的损耗。图 3-20 为不同偏磁

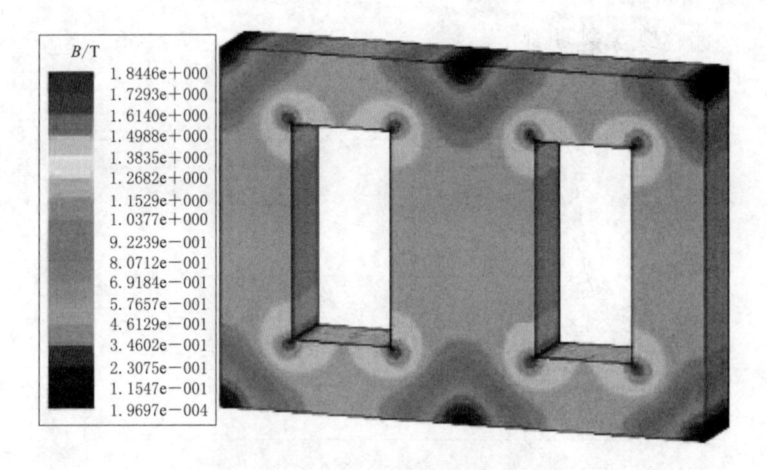

(a) 正半周期

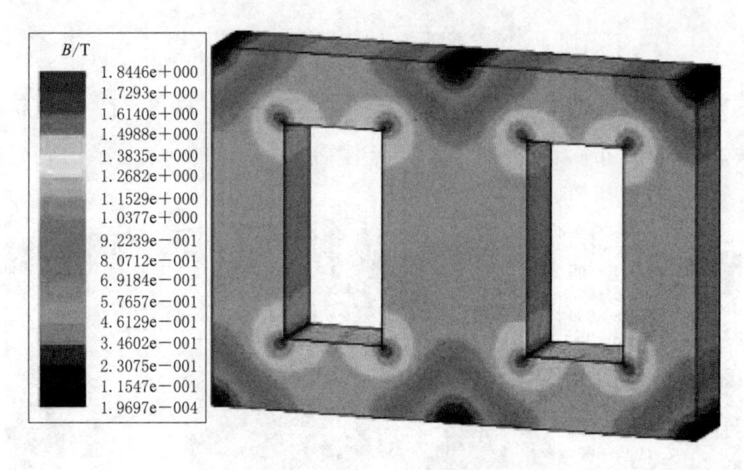

(b) 负半周期

图 3-17 直流偏磁为 0.5A 时变压器铁芯磁密分布

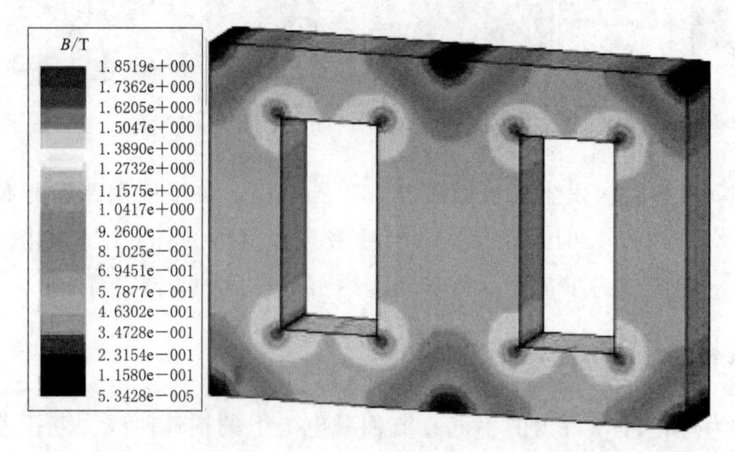

(a) 正半周期

图 3-18（一） 直流偏磁为 1.0A 时变压器铁芯磁密分布

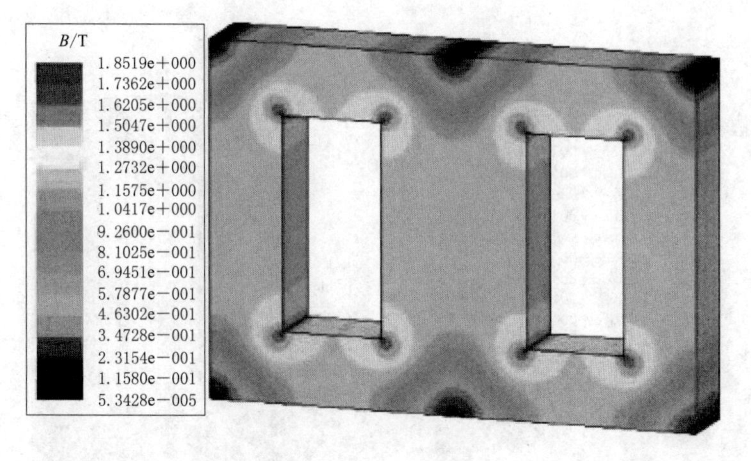

(b) 负半周期

图 3-18（二） 直流偏磁为 1.0A 时变压器铁芯磁密分布

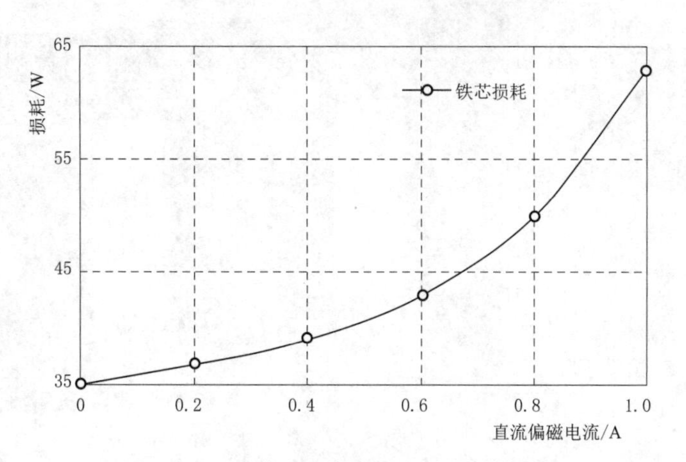

图 3-19 不同直流偏磁电流下的损耗曲线

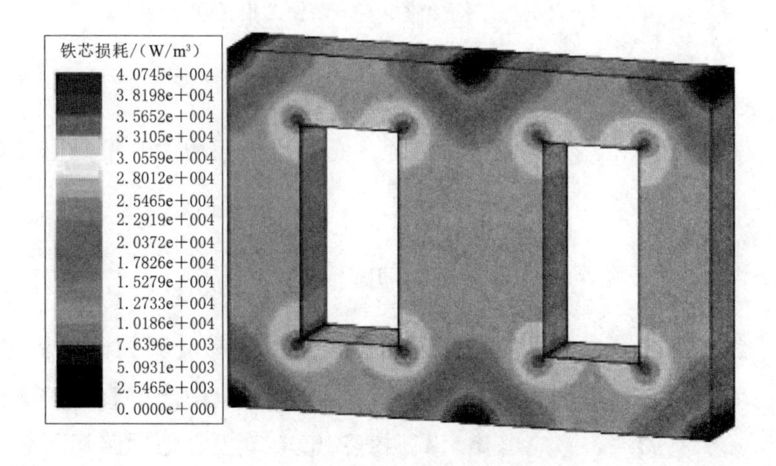

(a) 直流电流为0时的铁芯损耗分布

图 3-20（一） 不同偏磁电流下的铁芯损耗分布云图

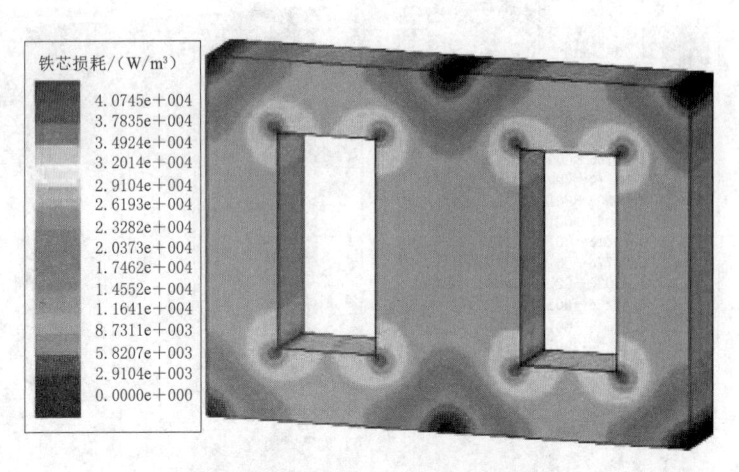

(b) 直流电流为0.5A时的铁芯损耗分布

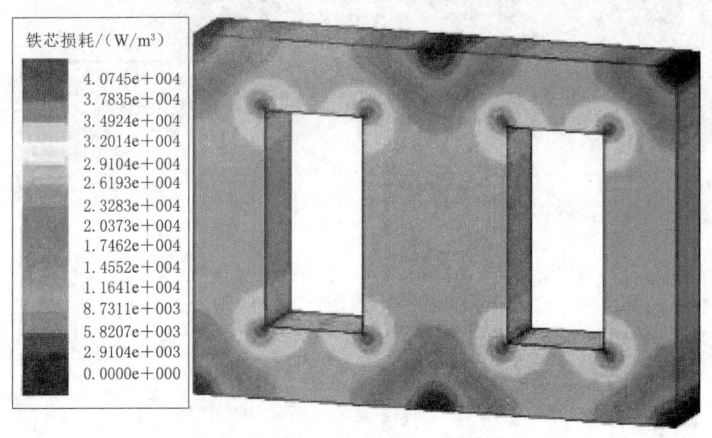

(c) 直流电流为1.0A时的铁芯损耗分布

图 3-20（二） 不同偏磁电流下的铁芯损耗分布云图

电流下的铁芯损耗分布云图。

由图 3-20 可以看出，发生直流偏磁时，变压器损耗增大，偏磁电流越大损耗增大越多，尤其以磁通转弯处增加最为明显。

5. 特高压变压器直流偏磁对绕组电流的影响

采用由单相自耦变压器组成的特高压变压器组更容易受到偏磁直流电流的影响。变压器的直流偏磁是一种非正常的工作状态，变压器绕组中产生直流偏磁的原因主要是来自太阳磁暴引起的地磁感应电流、高压直流输电单极大地回路运行侵入交流系统中的直流电流以及由非线性负载产生的流入电网中的直流分量。发生较大地磁暴事件时，测量到一台 735kV、550MV·A 的单相自耦变压器中流入的偏磁电流达到约每相

100A，并持续长达 1min。

随着直流偏磁电流的增加，正半轴磁路饱和不断严重，使得励磁阻抗不断减小，因此励磁电流波形畸变越严重，正半轴幅值随着铁芯饱和程度的增加而不断增加，负半轴直流偏磁电流对磁路起去磁作用，导致励磁阻抗增大，励磁电流减小，不同直流偏磁电流下的励磁电流波形如图 3-21 所示。

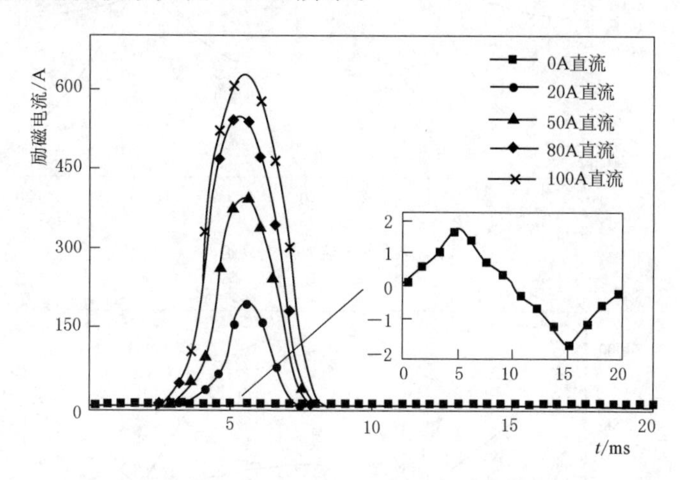

图 3-21　不同直流偏磁电流下的励磁电流波形

在直流偏磁情况下，各绕组电流波形如图 3-22（a）、图 3-22（b）和图 3-22（c）所示，其中角标 S、C、L 分别代表串联绕组、公共绕组、低压绕组电流，后面的数字代表直流偏磁电流的大小。实线代表无直流偏磁电流时各绕组的额定电流，虚线代表直流偏磁下的各绕组电流，图 3-22 中的椭圆表示各绕组畸变最严重区域。

不同绕组电流的实时畸变率如图 3-23 所示。

结合图 3-22 和图 3-23 内容可知：

（1）通入直流偏磁电流后，特高压变压器串联绕组、公共绕组、低压绕组电流均发生了不同程度的畸变，随着直流偏磁电流的增大，各绕组畸变程度趋于严重，公共绕组畸变程度最严重，低压绕组畸变程度最小。

（2）在 0～5ms 阶段，各绕组畸变程度不断增加；而在 5～10ms 阶段，各绕组畸变程度逐渐减小；10ms 之后，各绕组畸变程度十分微小，可以忽略。

6. 串电阻效果理论分析

面对直流偏磁对系统稳定运行带来的多方面影响，需着力抑制直流电流自变压器接地中性点窜入交流系统。考虑第 2 章提到的电容型直流抑制装置虽对直流偏磁电流有较好的抑制效果，但其对电容的制造工艺要求高、造价昂贵。此外，华东地区一些变电站已陆续安装中性点小电抗以抑制短路电流，在这些变电站中采用电容型抑制装置可能引发高频谐振，威胁系统安全；所以电阻型直流偏磁抑制仍具有广泛的应用场景。

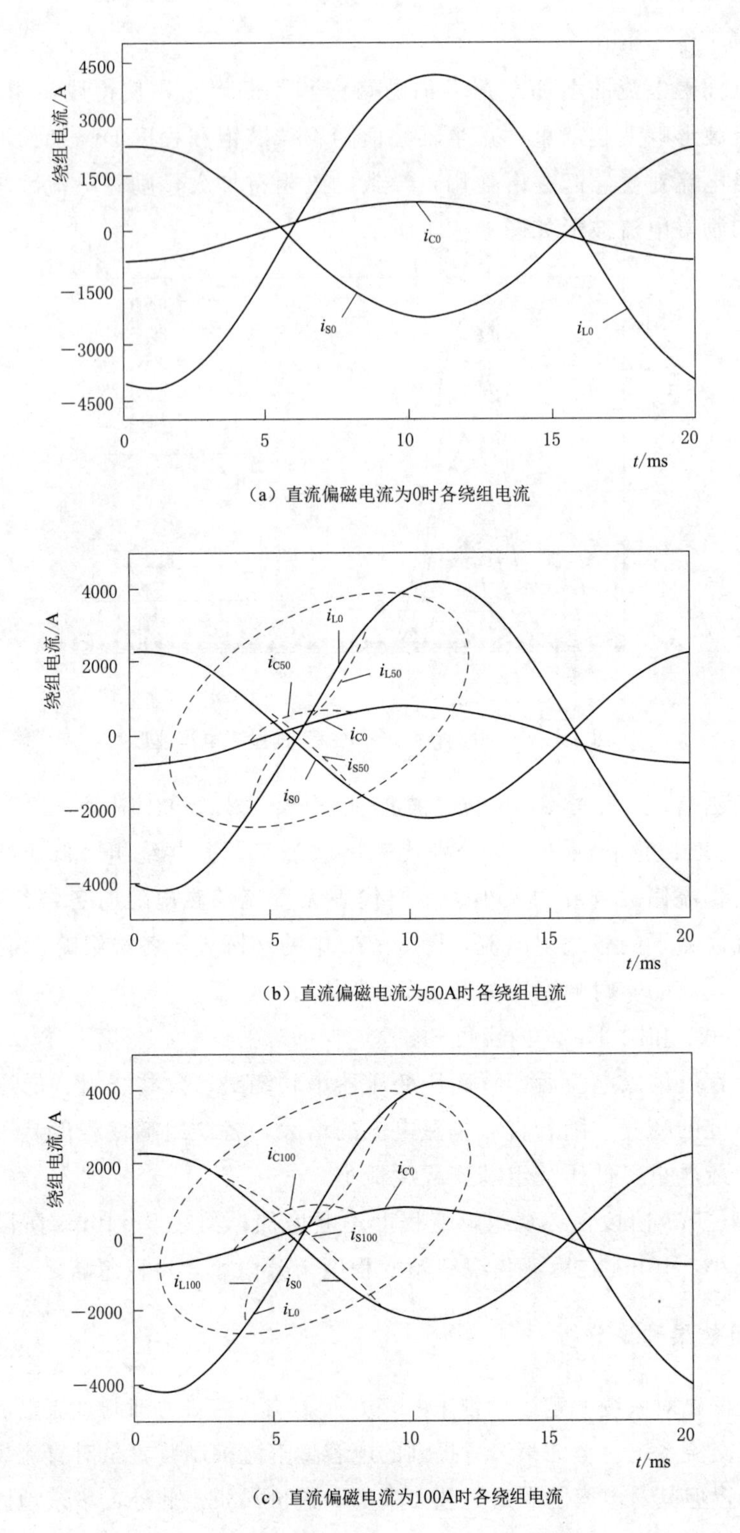

（a）直流偏磁电流为0时各绕组电流

（b）直流偏磁电流为50A时各绕组电流

（c）直流偏磁电流为100A时各绕组电流

图3-22　负载运行时不同直流偏磁电流的各绕组电流波形

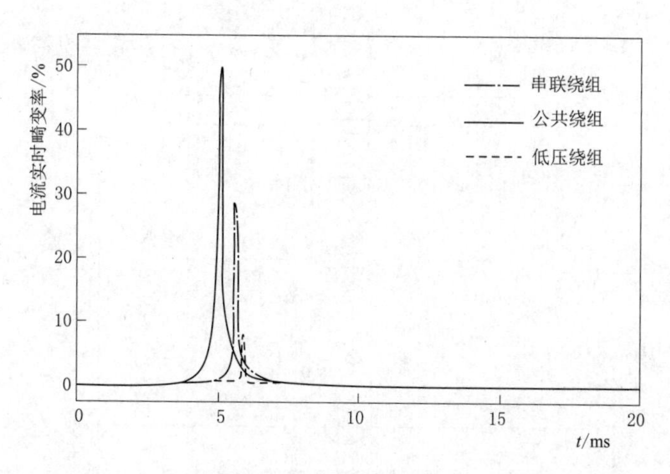

图 3-23　直流偏磁电流为 100A 时绕组电流实时畸变率

根据现有运行经验分析，变压器中性点串联小电阻能有效抑制流入变压器中性点的直流偏磁电流，且该方法相对简单可靠。利用电阻限流原理制成的电阻型直流偏磁抑制装置除抑制直流偏磁电流外，还具有可靠保护变压器中性线免遭因大电流过电压而损坏设备绝缘的优点。

电阻型直流偏磁抑制装置原理图见图 3-24。

N 为变压器中性点，R 为可调抑直电阻器，G 为石墨球间隙放电保护器，DCCT 和 ACCT 分别为直流电流传感器和交流电流互感器。

为考察中性点串联电阻对直流电流的抑制效果，已有文献设计了实验进行论证。变压器中性点串电阻抑制法示意图见图 3-25，图 3-26 为利用软件搭建的中性点串接电阻仿真原理图。

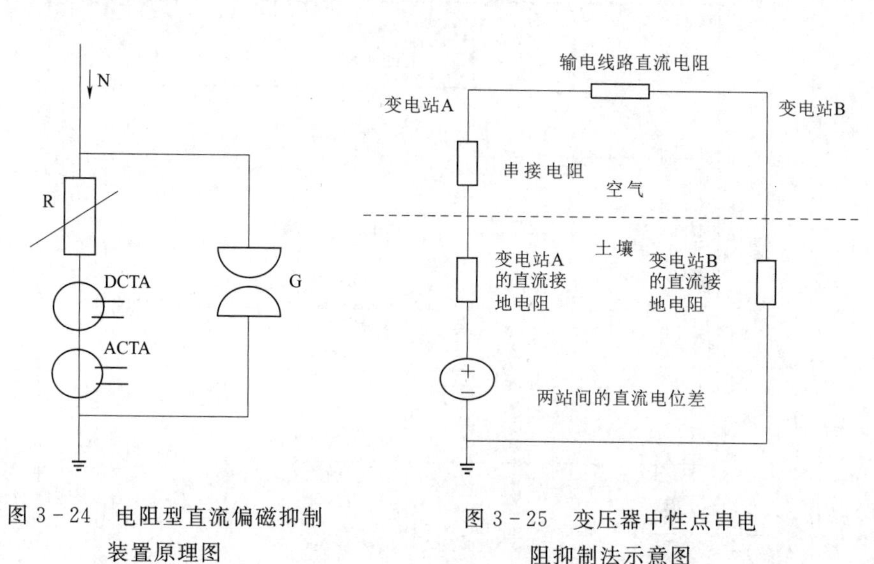

图 3-24　电阻型直流偏磁抑制装置原理图

图 3-25　变压器中性点串电阻抑制法示意图

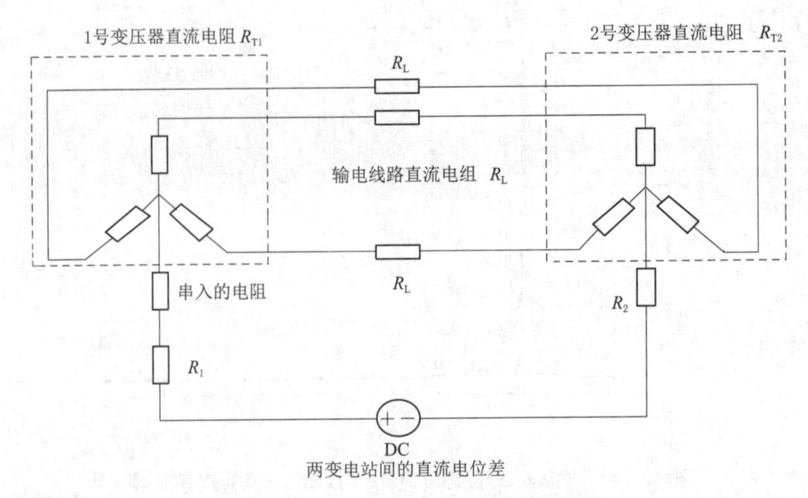

图 3-26　中性点串接电阻仿真原理图

两个变电站间的直流电位差与直流系统接地极的入地电流、接地极到变电站的距离、土壤电阻率等有关，仿真时设为 40V；由于 500kV 变电站的接地电阻一般都设计得很小，在仿真时采用了 0.2Ω；输电线路每相的等值直流电阻设为 1Ω。当中性点没有串接电阻和串接的电阻为 8Ω 时，得到的中性线电流波形见图 3-27。

可以看到，当中性点上串入了一个 8Ω 的电阻时，流过中性线的直流电流量从原来的 24.73A 减小到了 4.153A，串入小电阻对中性点直流电流的抑制作用较为明显。

多采用几组电阻值，观察不同阻值的电阻对直流偏磁电流的抑制效果，见表 3-1。

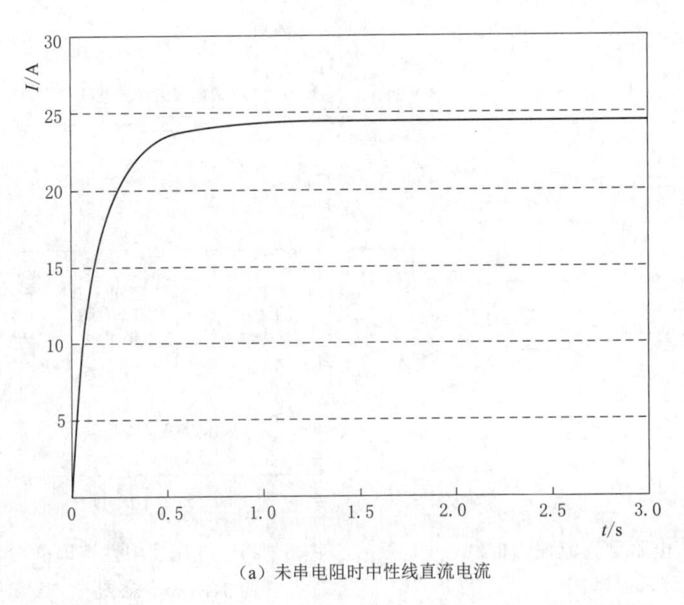

(a) 未串电阻时中性线直流电流

图 3-27（一）　中性点串接电阻前后中性线上直流电流的变化

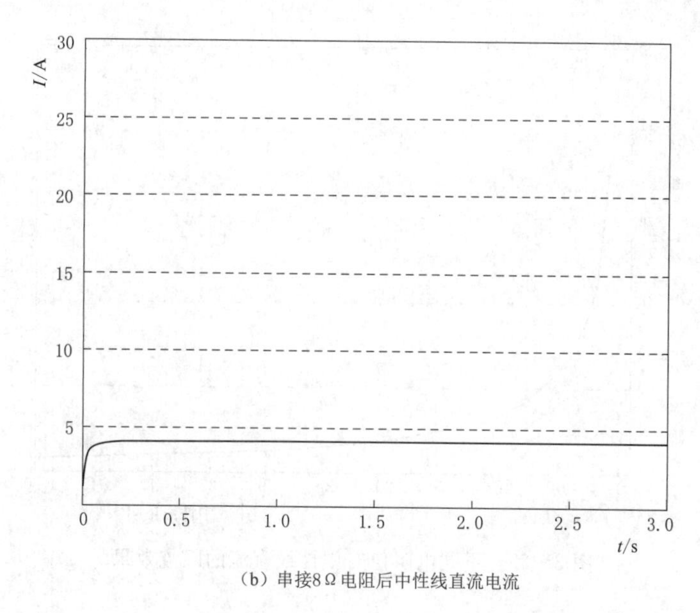

(b) 串接8Ω电阻后中性线直流电流

图 3-27（二） 中性点串接电阻前后中性线上直流电流的变化

表 3-1 变压器串接不同电阻值时中性线上直流量

串入中性点的电阻值/Ω	中性线上的直流电流/A	串入中性点的电阻值/Ω	中性线上的直流电流/A
0	24.73	12	2.934
2	11.00	20	1.849
3	8.63	25	1.502
5	6.028	30	1.264
8	4.153	50	0.775

由表 3-1 可以看到，串入的电阻值越大，中性线上的直流量越小，但是随着电阻值的不断增加，中性线直流量的衰减率变得越来越低。当串入的电阻值达到 50Ω 时，直流量已经变得很小，但是这种措施还是不可能完全消除直流电流。另外，串接的电阻会对整个系统产生很大的影响，因此不能太大。为了使串入电阻与中性线直流量的关系更加直观，将表 3-1 绘制成坐标图的形式，见图 3-28。从图 3-28 可以看到，在串入的电阻小于 10Ω 时，它的限流效果非常明显；此后，随着电阻值的继续增大，虽然直流量会相应地减小，但是限流效果却越来越差。

串电阻过电压分析：当系统发生短路故障时，变压器中性点上将会流过很大的短路故障电流，此电流将在串入的电阻上产生很高的电压。一般对交流系统来说，发生单相接地短路的概率是最大的，所以为了分析在中性点串接电阻是否合理，本书研究了最常见的单相接地短路仿真，并且是在最严重的情况下，也就是在变压器附近发生单相接地短路时，观察中性点过电压是否能够保持在额定的绝缘水平之下。短路故障

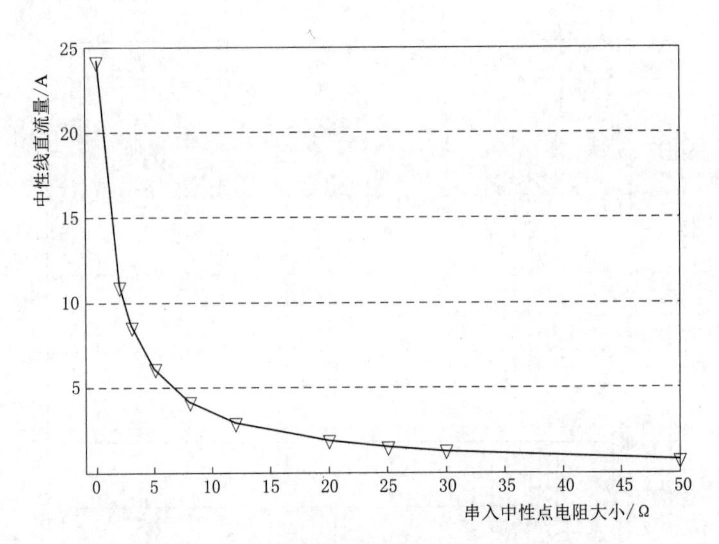

图 3-28　不同电阻值对中性线直流的限流效果

仿真模型见图 3-29。

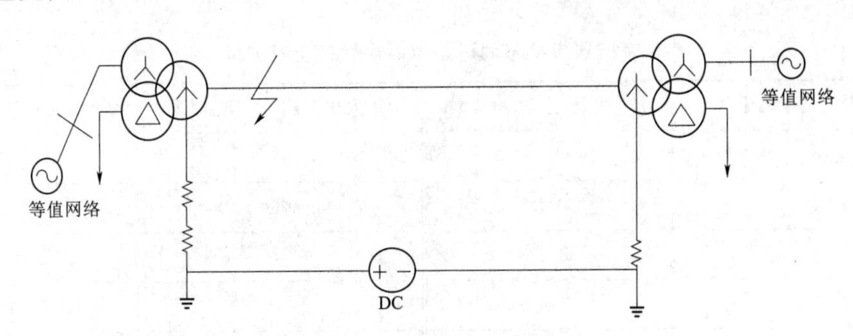

图 3-29　短路故障仿真模型

仿真时设定单相短路故障从 0.1s 开始，并持续 0.5s。当变压器的中性线上没有串接电阻时，变压器相当于直接接地，由于接地电阻的存在，中性线上仍然会产生一个过电压，从原理上来说，这个过电压应该比较小。中性点不串接电阻时的仿真结果见图 3-30。

当变压器的中性点没有串接电阻时，由于直流偏磁的存在，会使得中性线的电流进入稳态时，正的峰值大于负的峰值。仿真结果表明中性线最大暂态过电压达 3.2kV，并且过电压在达到稳态时正峰值稍大于负峰值，这是因为两个变压器之间存在直流电位差，但是过电压的值远没有达到变压器所能承受的短时工频耐受电压 85kV。

当串入中性点的电阻为 8Ω 时，单相故障仿真结果见图 3-31。

由仿真结果可知，当中性点上串入的电阻为 8Ω 时，由于电阻的存在，中性点的过电压将变得很大，其最大暂态电压能够达到 80kV，稳态电压峰值也达到了 60kV 左

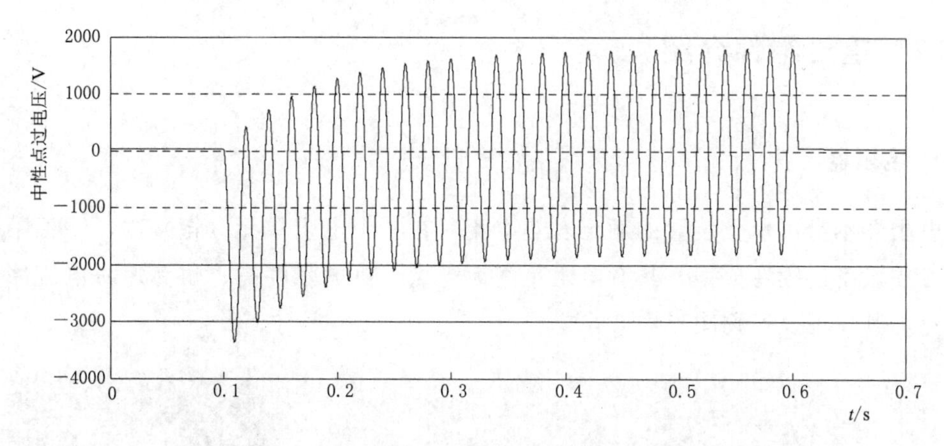

图 3-30　中性点不串接电阻时的仿真结果

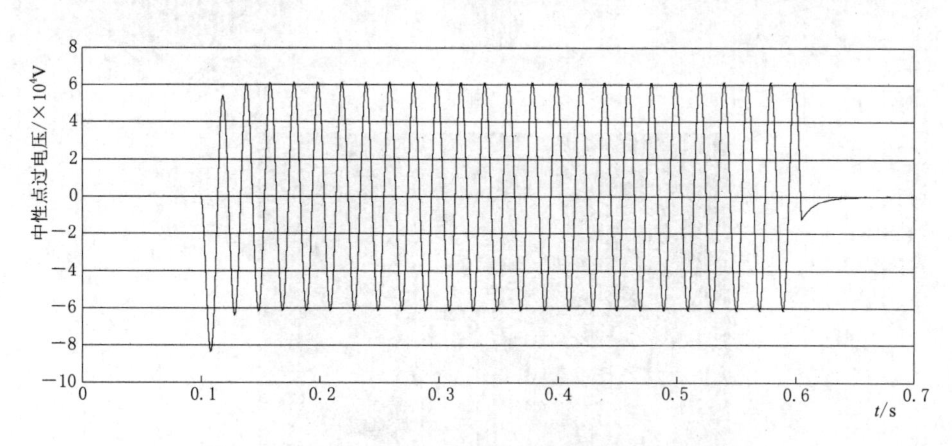

图 3-31　中性点串接 8Ω 电阻时的单相故障仿真结果

右。这些参数与 500kV 电压等级变压器中性点短时耐受工频电压水平 85kV 相比仍然还存在一定的差距，因此在继电保护所允许的范围内还可以适当地加大串接的电阻值。

在后续仿真中，继续加大串入中性点的电阻值，找出在系统中性点允许过电压范围内加载的最大电阻值。发现在串入的电阻值达到 20Ω 时，中性点的过电压有效值已经接近变压器的耐受水平，如果再增大电阻的阻值，变压器将在系统发生单相接地故障时受到破坏。

可见虽然串入的电阻值越大，抑制变压器直流偏磁的效果越好，但是系统发生故障时，变压器可能将不能承受在中性点上产生的过电压。因此在进行中性点串电阻措施抑制变压器直流偏磁时应该综合考虑该阻值下在变压器中性点产生的故障过电压是否在系统所能承受的范围之内。

3.1.2 重要组件介绍

1. 电阻器

电阻器本身可承受装置的额定发热电流，在一个电阻单元（箱）内，一根不锈钢带用专用设备连续弯成型，具有电阻带间无焊点、机械强度高、耐受短时电流冲击大的特点，其原理及实物图见图 3－32。

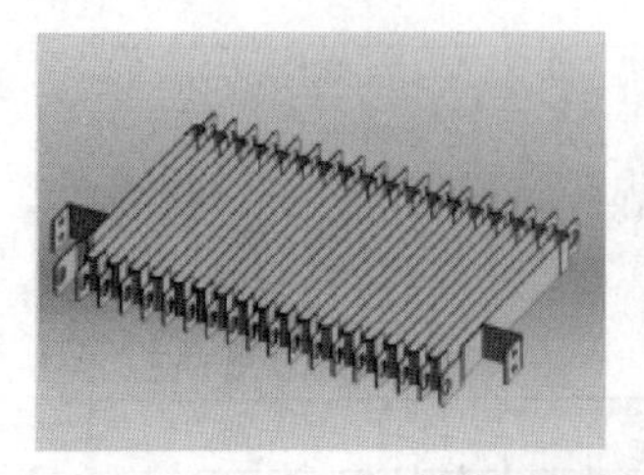
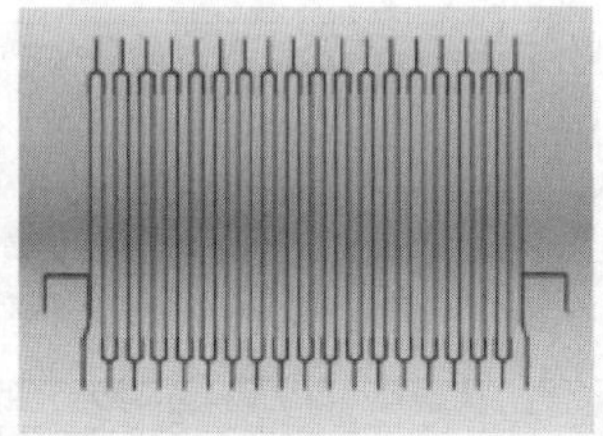
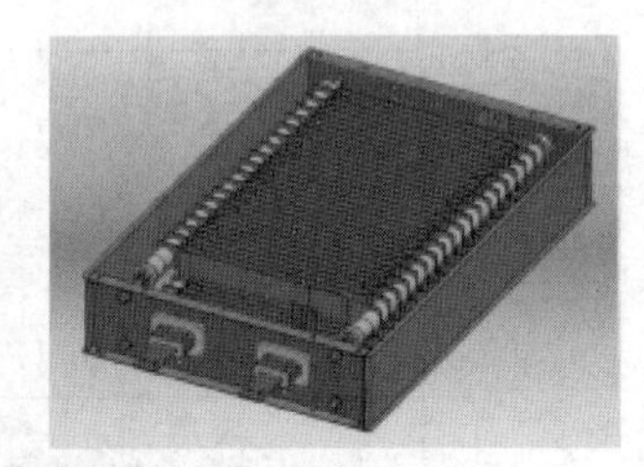

(a) 原理图

(b) 实物图

图 3－32 电阻器原理及实物图

电阻元件采用抗氧化、耐腐蚀、耐高温、温度系数低、加工性能好、可焊性好的不锈钢 Cr25Ni20。最高使用温度可达 1000℃。

电阻元件之间用耐高温的 95 瓷件支撑和固定；电阻单元之间连接由铜排与螺栓紧固，其间隔充分考虑消除高温时对绝缘和散热的影响。电阻单元底部由瓷绝缘柱支撑和固定。

2. 石墨球间隙

石墨球间隙主要起到保护电阻器的功能。当加在电阻器两端电压过大时，间隙被击穿后可使电阻器短路，以起到保护作用。石墨球间隙原理及实物图见图 3－33。

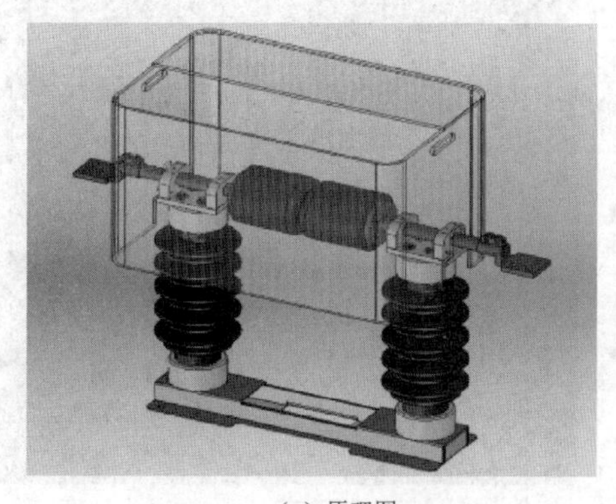

(a) 原理图

(b) 实物图

图 3-33　石墨球间隙原理及实物图

石墨球间隙的外壳材质采用环氧罩加云母板的形式，属易碎品，安装及检修过程需防止硬质物件碰触石墨电极。间隙设计为可调形式，标准化设计，便于检测、拆卸、安装。

3. 直流电流传感器与交流电流互感器

直流电流传感器用于测量流入变压器中性点的直流电流大小，交流电流互感器用于测量中性点不平衡电流大小。直流电流传感器见图 3-34，交流电流互感器见图 3-35。

图 3-34　直流电流传感器

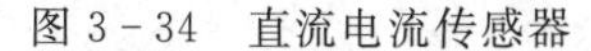

图 3-35　交流电流互感器

4. 智能监测装置

监测装置需双电源供电（常用和备用自动切换），输出常用电源故障报警；提供交直流电流检测并输出标准信号，智能监测装置实物图见图 3-36。

（1）直流电流的标准信号输出：4mAdc 表示－50Adc，20mAdc 表示＋50Adc。

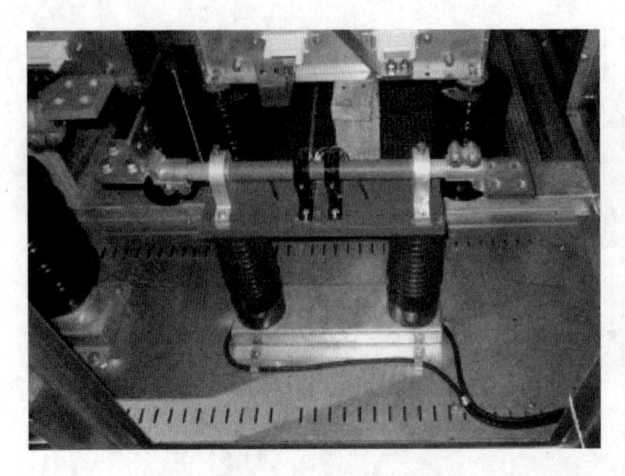

图 3-36　智能监测装置实物图

(2) 交流电流的标准信号输出：4mAac 表示 0Aac，20mAac 表示 1000Aac。

5. 箱体部分

(1) 外壳材质：304 不锈钢，耐腐蚀性强。

(2) 结构设计：箱体采用前后开门式，安装维护简便；采用标准化、模块化设计，便于大规模生产。

(3) 散热设计：箱体上部四周散热，底部中间进风，形成空气流动，能够有效降低电阻柜温度，在大电流冲击和长期小电流通过电阻元件时，其温升均在规定范围。

(4) 穿墙瓷套（如有）采用独特的设计工艺，法兰式连接，污秽等级Ⅳ级，表面爬电距离 31mm/kV。

箱体外观见图 3-37。

图 3-37　箱体外观图

3.2　电阻型直流偏磁抑制装置应用

3.2.1　概述

电阻型直流偏磁抑制装置实际装置见图 3-38，设备铭牌见图 3-39。

电阻型直流偏磁抑制装置技术参数见表 3-2，涉及参数包括额定电压、额定频

图 3-38　实际装置图

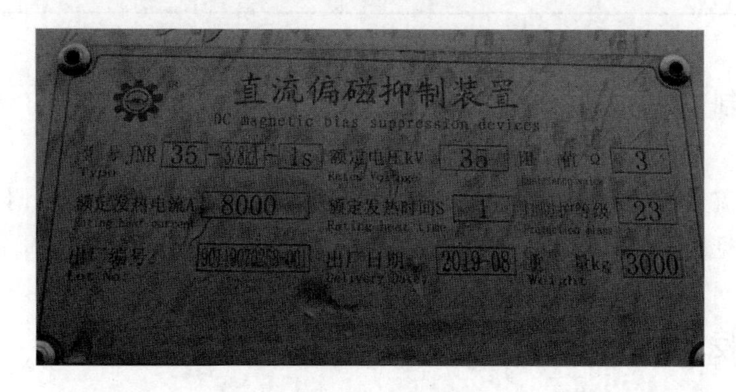

图 3-39　设备铭牌

率、额定电阻、额定发热电流、动稳定电流、长时工作电流、最大短时端电压、整组电阻对外壳（地）工频耐压、雷电冲击过电压（全波）、电阻温度系数、有效爬电距离、箱体尺寸、石墨球隙通流能力、中性点电压上升到间隙击穿所用的时间、石墨球隙工频击穿电压。

表 3-2　　电阻型直流偏磁抑制装置技术参数

序号	名　称	参　数
1	额定电压/kV	35 或 66
2	额定频率/Hz	50
3	额定电阻/Ω	3，2，5（可选）
4	额定发热电流 I_b/(kA/s)	10/1，8/1，8/2，4/3（可选）
5	动稳定电流/kA	≥20
6	长时工作电流 I_w/(A/h)	250/1

续表

序号	名　称	参　数
7	最大短时端电压/kV	30
8	整组电阻对外壳（地）工频耐压/kV	95
9	雷电冲击过电压（全波）/kV	185（可选）
10	电阻温度系数/(Ω/℃)	$\leqslant 2.85\times10^{-5}$
11	有效爬电距离/mm	1265
12	箱体尺寸/mm^3	可选
13	石墨球隙通流能力/(kA/s)	10/1
14	中性点电压上升到间隙击穿所用的时间/ms	10
15	石墨球隙工频击穿电压/kV	10

3.2.2　控制方式

电阻型直流偏磁抑制装置具有就地和远方两种控制方式。智能可调电阻抑直装置布置及接线图见图 3-40。

3.2.3　安装及运输

（1）箱体安装于倾角不超过 5°的水平基础上。检查箱内电阻元件、绝缘件、紧固件等在运输过程中是否有损坏，如有上述情况发生，立即修复。

（2）安装：在正式安装前确保在人身安全和不引起设备损坏的情况下进行，电阻器有效距离不小于 1000mm，便于开门维修保养。

（3）连接电阻器的引线端子，二次回路根据原理图出线端要求连接所需线缆。

（4）在通电调试前，必须确保电阻器正确安装、连接，保护接地良好。

（5）运输：电阻器必须固定在可以使用叉车搬运的托架上，以便搬运。

3.2.4　装置运行环境条件

（1）室外环境温度 0～40℃（在户外集装箱内运行）。

（2）运行环境海拔不大于 1000m。

（3）相对湿度（环境温度为 20℃时）：日平均相对湿度不大于 65%。

（4）板房安装应具有抗震能力，抗震等级为 8 级。

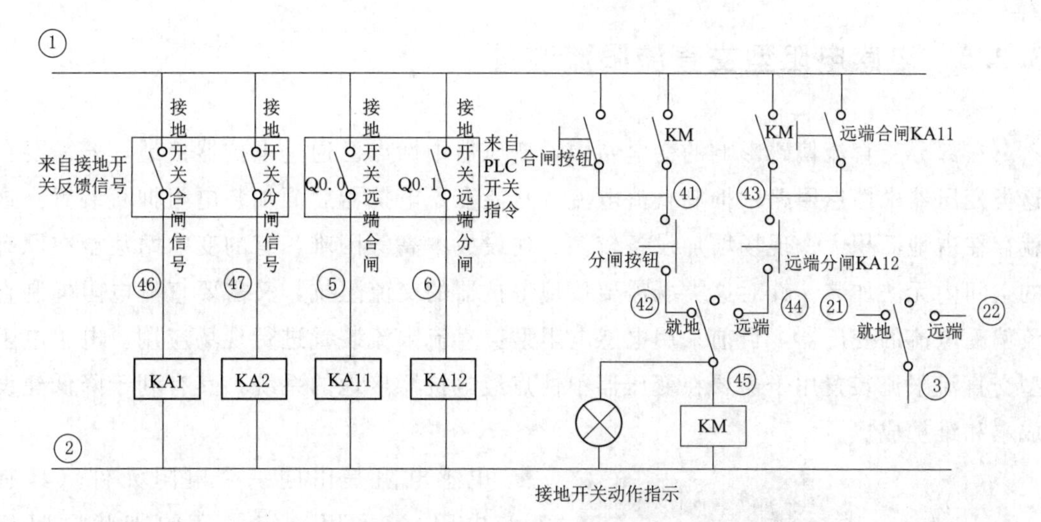

（a）智能电阻监测装置控制箱布置图

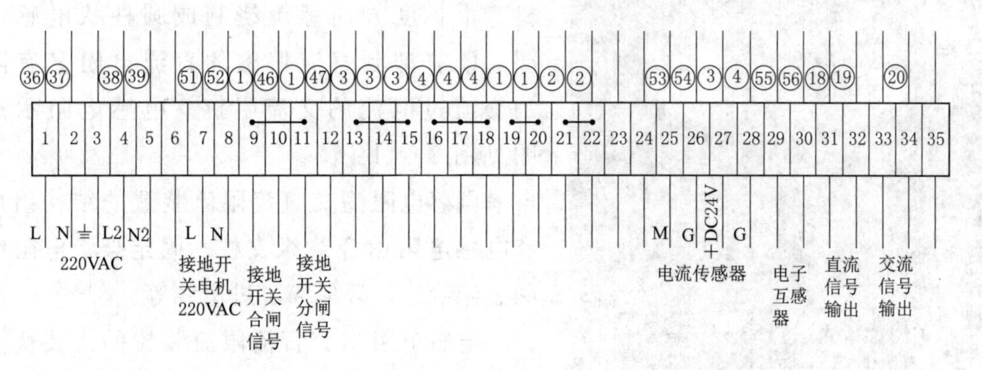

（b）智能可调电阻抑直装置接线图一

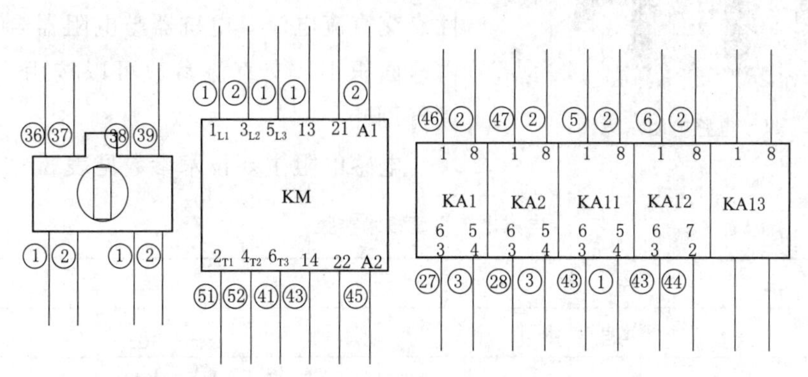

（c）智能可调电阻抑直装置接线图二

图 3-40 智能可调电阻抑直装置布置及接线图

（5）板房安装应具有抗台风能力，抗台风等级为 50m/s。板房应有避雷措施，以防止雷击。

3.2.5 电感电阻型交直流限流装置

在部分受直流偏磁影响的变电站中，变压器中性点已通过电抗器接地，若需要在这类变压器中性点回路中抑制直流电流，只能在原电抗器后面加装电阻抑直装置。这就存在占地面积大、现场增加设备较多、建设成本高等困难，有的变电站甚至在原有的空间内无法加装。针对这类既需要接地电抗器的交流阻抗，又需要直流电阻抑制直流偏磁电流的变压器，目前采用电感电阻型交直流限流装置进行现场应用。电感电阻型交直流限流装置用于需要在变压器中性点经电抗器接地的系统，其有利于降低建设成本和维护成本。

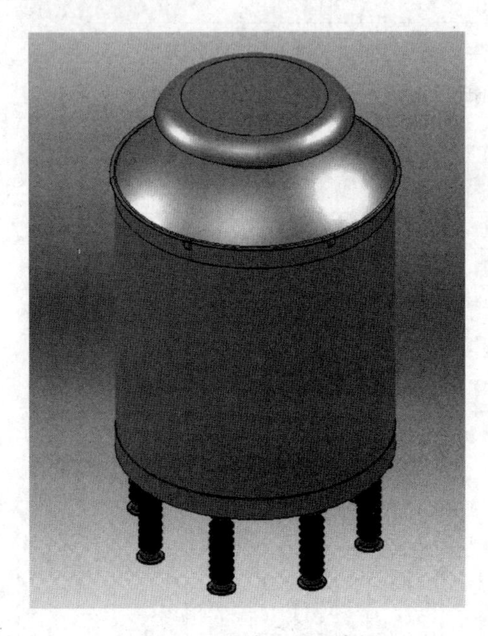

图 3-41 电感电阻示意图

电感电阻是由同一个电阻元件（具有直流电阻），采用一定厚度的带状电阻板材，沿长度方向螺旋绕制成圆柱状电感线圈，既有抑制直流偏磁的直流电阻又有限制交流过电流的交流阻抗。电感电阻示意图见图 3-41。

电感电阻型交直流限流装置的结构组成有电感电阻由瓷绝缘支柱、固定架、电阻线圈、绝缘块、环氧筒、进出线等。

电感电阻型交直流限流装置的主要优点包括体积小、功率大，可有效抑制变压器中性点交直流电流，电抗器与电阻器合二为一，占地面积小，交直流参数可以按用户的要求进行设计。

电感电阻主要技术参数见表 3-3。

表 3-3　　电感电阻主要技术参数

序号	名　称	参　数
1	额定电压/kV	$66/\sqrt{3}$
2	额定频率/Hz	50
3	直流电阻/Ω	2±5%
4	交流阻抗/Ω	12.5±5%
5	额定发热电流 I_b/(kA/s)	6/3.6 (r/min)
6	动稳定电流/kA	$\sqrt{2}I_b$（峰值）

续表

序号	名　称	参　数
7	长时工作电流 I_w/(A/h)	200/2
8	工频耐压/kV	140/1
9	雷电冲击过电压（全波）/kV	325（峰值）
10	电阻温度系数/(Ω/℃)	$\leqslant 2.87038\times10^{-5}$

3.3 电阻型直流偏磁抑制装置检修策略

本节将从电阻型直流偏磁抑制装置的常规巡视、装置检修以及试验标准三方面展开说明。

3.3.1 常规巡视

常规巡视检查项目如下：

（1）外观无锈蚀、无灰尘、无破损、无变形。

（2）绝缘体外表面清洁、无裂纹。

（3）装置无异常振动、异常声音及异味，无明显放电痕迹。

（4）间隙表面无闪络痕迹。

（5）间隙表面无异物。

（6）监测装置无报警。

（7）遥信、遥测量与装置运行情况一致。

3.3.2 装置检修

1. 年度检修项目

电阻型直流偏磁抑制装置年度检修内容见表3-4。

2. 检修关键工艺质量控制

（1）整体更换。

1）安全注意事项。

a. 仪器仪表、工具材料及大型机具摆放到位，并与周围带电设备保持足够的安全

表 3-4 电阻型直流偏磁抑制装置年度检修内容

检修部位	检修项目	技术要求
整体	外观检查	无锈蚀、无灰尘
	连接紧固件检查	各连接紧固件无松动
	二次回路检查	(1) 二次接线良好，无松动，防护套无损坏 (2) 绝缘电阻大于 5MΩ，采用 1000V 绝缘电阻表
	主回路导通测试	满足规程要求
	接地导通测试	满足规程要求
	上传信号核对	(1) 变压器中性点限流装置失电 (2) 变压器中性点交、直流电流越限
中性点接地用隔离开关	电气操作分、合 5 次	动作顺畅，无卡涩
	手动操作分、合 5 次	动作顺畅，无卡涩
	回路电阻测量	符合产品技术条件要求
	机械联锁检查	联锁可靠
	电气闭锁检查	闭锁可靠
直流传感器	传输比	符合传输比要求
放电间隙	检查间隙距离	符合产品技术条件要求

距离。

b. 装置确认无电压并充分放电。

c. 按厂家规定正确吊装设备，必要时使用揽风绳控制方向，并设专人指挥。

2）关键工艺质量控制。

a. 吊装应按照厂家规定程序进行，使用合适的吊带进行吊装。

b. 检查瓷套外观是否清洁无破损。

c. 检查绝缘子铸铁法兰有无裂纹，胶接处胶合是否良好，有无开裂。

d. 对支架、基座等铁质部件进行除锈防腐处理。

e. 接地可靠，无松动及明显锈蚀。

f. 电阻器本体完好无破损、无变形。

g. 二次接线良好，无松动，防护套无损坏。

h. 二次回路绝缘电阻大于 5MΩ。

i. 放电间隙距离应符合产品技术条件要求。

j. 电阻器接线板与导体连接紧固。

k. 上传信号核对正确。

（2）电阻器检修。

1）安全注意事项。

a. 仪器仪表、工具材料及大型机具摆放到位，并与周围带电设备保持足够的安全距离。

b. 装置确认无电压并充分放电。

2）关键工艺质量控制。

a. 检查瓷套外观是否清洁无破损。

b. 检查绝缘子铸铁法兰有无裂纹，胶接处胶合是否良好，有无开裂。

c. 接地可靠，无松动及明显锈蚀。

d. 电阻器本体完好无破损、无变形、无过热和异常声响。

e. 本体绝缘不小于 2500MΩ。

f. 直流电阻测试结果与出厂值误差不大于 5%。

g. 电阻器接线板与导体连接紧固。

（3）放电间隙检修。

1）安全注意事项。

a. 检查并确认安全措施已布置到位。

b. 确认无电压并已接地。

2）关键工艺质量控制。

a. 石墨电极属易碎品，检修时应注意避免损伤。

b. 间隙外壳无变形现象，间隙尺寸符合技术要求。

c. 石墨电极表面光滑，无灼烧痕迹，无裂纹。

（4）互感器检修。

1）安全注意事项。检查并确认安全措施已布置到位。

2）关键工艺质量控制。

a. 安装前核对铭牌应准确无误。

b. 拆、装互感器时，其外壳不得磕碰、摩擦。

c. 金属部位无锈蚀，底座、支架固定牢固，无倾斜变形。

d. 外绝缘表面清洁、完好。

e. 电流互感器极性安装正确。

f. 互感器接地端，一、二次接线端子接触良好，无锈蚀，标志清晰。

g. 互感器输入电缆应使用穿黄腊管的高压一次电缆，接线应牢固、无松动。

h. 互感器外壳接地是否牢固。

（5）测控装置检修。

1）安全注意事项。检查并确认安全措施已布置到位。

2）关键工艺质量控制。

a. 装置应能正确显示各测控信号。

b. 二次控制单元应能根据电压电流采样正确改变装置状态。

c. 二次控制单元切就地情况下，切换开关能正确控制状态转换开关。

d. 二次控制单元二次电缆绝缘层无变色、老化、损坏现象，电缆号头、走向标示牌无缺失现象。

(6) 隔离开关检修。

1) 安全注意事项。

a. 拆装导电臂时应采取防护措施。

b. 结合现场实际条件适时装设临时接地线。

2) 关键工艺质量控制。

a. 导电臂拆解前应做好标记。

b. 触头侧导电杆表面应平整、清洁，镀层无脱落。

c. 触指侧触头夹无烧损，镀层无脱落，压紧弹簧无锈蚀、断裂、弹性良好。

d. 触头表面应平整、清洁。

e. 导电臂（管）无变形、锈蚀，焊接面无裂纹。

f. 导电带绕向正确，无断片，接触面无氧化，镀层无脱落，连接紧固。

g. 接线座无变形、裂纹，镀层完好。

h. 连接螺栓紧固，力矩值符合产品技术要求，并做紧固标记。

(7) 绝缘子检修。

1) 安全注意事项。

a. 起吊时应采用适合吊物重量的专用吊带或尼龙吊绳。

b. 起吊时，吊物应保持垂直角度起吊，且绑揽风绳控制吊物摆动。

c. 绝缘子拆装时应逐节进行吊装。

d. 结合现场实际条件适时装设临时接地线。

2) 关键工艺质量控制。

a. 绝缘子外观及绝缘子辅助伞裙清洁无破损（瓷绝缘子单个破损面积不得超过 $40mm^2$，总破损面积不得超过 $100mm^2$）。

b. 绝缘子法兰无锈蚀、裂纹。

c. 绝缘子胶装后露砂高度 10～20mm，且不应小于 10mm，胶装处应涂防水密封胶。

d. 防污闪涂层完好，无龟裂、起层、缺损，憎水性应符合相关技术要求。

(8) 传动及限位部件检修。

1) 安全注意事项。

a. 断开机构二次电源。

b. 工作人员严禁踩踏传动连杆。

c. 结合现场实际条件适时装设临时接地线。

2）关键工艺质量控制。

a. 传动连杆及限位部件无锈蚀、变形，限位间隙符合技术要求。

b. 垂直安装的拉杆顶端应密封，未封口的应在拉杆下部打排水孔。

c. 传动连杆应采用装配式结构，不应在施工现场进行切焊装配。

d. 轴套、轴销、螺栓、弹簧等附件齐全，无变形、锈蚀、松动，转动灵活连接牢固。

e. 转动部分涂以适合当地气候的润滑脂。

（9）底座检修。

1）安全注意事项。

a. 电动机构二次电源确已断开，隔离措施符合现场实际条件。

b. 拆、装隔离开关时，结合现场实际条件适时装设临时接地线。

c. 按厂家规定正确吊装设备。

2）关键工艺质量控制。

a. 底座无锈蚀、变形，接地可靠。

b. 转动轴承座法兰表面平整，无变形、锈蚀、缺损。

c. 转动轴承座转动灵活，无卡滞、异响，且密封良好。

d. 连接螺栓紧固，力矩值符合产品技术要求，并做紧固标记。

e. 伞齿轮完好无破损，并涂以适合当地气候的润滑脂。

（10）机械闭锁检修。

1）安全注意事项。

a. 断开电机电源和控制电源，二次电源隔离措施符合现场实际条件。

b. 结合现场实际条件适时装设临时接地线。

2）关键工艺质量控制。

a. 操动机构与本体分、合闸位置一致。

b. 闭锁板、闭锁盘、闭锁杆无变形、损坏、锈蚀。

c. 闭锁板、闭锁盘、闭锁杆的互锁配合间隙符合相关技术规范要求。

d. 限位螺栓符合产品技术要求。

e. 机械连锁正确、可靠。

f. 连接螺栓力矩值符合产品技术要求，并做紧固标记。

（11）调试及测试。

1）安全注意事项。

a. 结合现场实际条件适时装设临时接地线。

b. 施工现场的大型机具及电动机具金属外壳接地良好、可靠。

c. 工作人员严禁踩踏传动连杆。

d. 工作人员工作时，应及时断开电机电源和控制电源。

2）关键工艺质量控制。

a. 调整时应遵循“先手动后电动”的原则进行，电动操作时应将隔离开关置于半分半合位置。

b. 限位装置切换准确可靠，机构到达分、合位置时，应可靠地切断电机电源。

c. 操动机构的分、合闸指示与本体实际分、合闸位置相符。

d. 合、分闸过程中无异常卡滞、异响，主、弧触头动作次序正确。

e. 合、分闸位置及合闸过死点位置符合厂家技术要求。

f. 调试、测量隔离开关技术参数，符合相关技术要求。

g. 调节闭锁装置，应达到“隔离开关合闸后接地开关不能合闸，接地开关合闸后隔离开关不能合闸”的防误要求。

h. 与接地开关间闭锁板、闭锁盘、闭锁杆间的互锁配合间隙符合相关技术规范要求。

i. 电气及机械闭锁动作可靠。

j. 检查螺栓、限位螺栓紧固，力矩值符合产品技术要求，并做紧固标记。

k. 主回路接触电阻测试，符合产品技术要求。

l. 接地回路接触电阻测试，符合产品技术要求。

m. 二次元件及控制回路的绝缘电阻及直流电阻测试。

3.3.3 试验标准

1. 试验参考标准

（1）电阻器符合《配电系统中性点接地电阻器》（DL/T 780—2001）的要求。

（2）支柱绝缘子符合《标称电压高于1000V系统用户内和户外支柱绝缘子 第1部分：瓷或玻璃绝缘子的试验》（GB/T 8287.1—2008）的要求。

（3）套管符合《高压穿墙瓷套管》（GB/T 12944—2011）的要求。

（4）外接端子符合《高压电器端子尺寸标准化》（GB/T 5273—2016）的规定。

（5）间隙满足要求。

（6）装置的其他组件满足《低压成套开关设备和控制设备 第8部分：智能型成套设备通用技术要求》（GB/T 7251.8—2020）的要求。

2. 直流电流误差测量

测控装置直流电流测量误差不超过±5%，试验与判定方法按《测量用电流互感器》(JJG 313—2010)进行。例行试验时进行传输比检查，应符合传输比要求。

3. 限流电阻

(1) 限流电阻阻值范围为1.5～5Ω。

(2) 限流电阻分接抽头可调，级差不大于0.5Ω。

(3) 电阻温度系数不大于5.6×10^{-4}Ω/℃。

(4) 绝缘性能满足设计要求。

(5) 25℃时的电阻值允许偏差为±5%。

4. 绝缘电阻

测量带电部件对外壳(地)之间绝缘电阻，绝缘电阻值大于2500MΩ，测量仪器宜选用2500V兆欧表。

第4章　直流偏磁抑制装置二次系统检修策略及典型案例

4.1　直流偏磁抑制装置二次系统功能简介

4.1.1　系统结构

抑制变压器中性点直流电流装置由三个部分构成，第一部分是户内隔离开关，用于切换隔直装置；第二部分是串联接入变压器中性点的装置本体，包括电容器、晶闸管、整流二极管、电感等一次设备及二次控制单元；第三部分是装置输出的开关量信号和模拟量信号，供运行值班人员检测装置的状态。

4.1.2　运行状态

当直流输电系统以单极大地回路方式运行时，在直流接地极附近就有直流电流从地中经直接接地的中性点流入交流变压器，造成变压器直流偏磁问题。电容隔直装置由电容器、机械旁路开关和快速旁路回路并联而成，接于变压器中性点和地之间。装置有两种运行模式，默认为金属接地模式。

（1）金属接地模式，即旁路开关默认为合闸状态。在没有直流电流流经变压器中性点时，机械旁路开关为合闸状态。当检测到流经变压器中性点的直流电流超过限值时，机械旁路开关转为断开状态，使电容器投入，起到阻隔直流电流的作用。一旦检测到流经变压器中性点的交流电流超过限值，装置控制器即判断为交流电网发生不对称短路故障，快速旁路回路立即触发导通，同时机械旁路开关转为合上位置，保证变压器中性点可靠接地。

（2）常投模式，即旁路开关默认为分闸状态，不管是否有直流电流流过主变压器中性点，电容器组均长期接于主变压器中性点运行，当检测到流经主变压器中性点的交流电流超过限值时，装置控制器即判断为交流电网发生不对称短路故障，快速旁路回路立即触发导通，同时机械旁路开关转为合闸状态，保证变压器中性点可靠接地。

1. 闸刀位置说明

以电容型直流偏磁抑制装置为例说明接地开关和隔直开关位置情况，电容型隔直装置一次系统图见图 4-1。

(1) 中性点不接地的主变压器，K11 接地开关和 K12 隔直开关需处于分闸位置。

(2) 中性点接地的主变压器，K11 接地开关处于分闸位置，K12 隔直开关处于合闸位置。

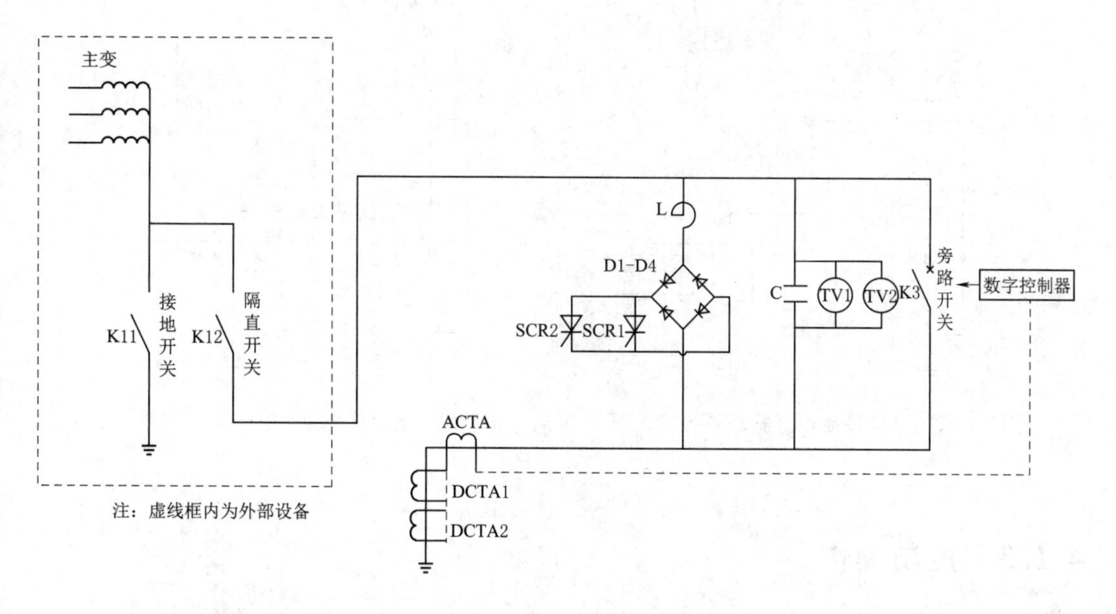

图 4-1　电容型隔直装置一次系统图

2. 装置本体运行状态

隔直装置在运行中有两种运行状态——直接接地运行状态和电容接地运行状态。当状态转换开关断开时运行于中性点电容接地运行状态，当状态转换开关闭合时运行于中性点直接接地运行状态。直接接地运行状态系统接线图见图 4-2，电容接地运行状态系统接线图见图 4-3。

隔直装置有两种运行模式——自动运行模式和手动运行模式。隔直装置运行状态行为见表 4-1。

表 4-1　　隔直装置运行状态行为

	自 动 运 行 模 式	手 动 运 行 模 式
直接接地运行状态	行为：监视中性点直流电流，过电流时自动进入电容接地运行状态	行为：监视中性点直流电流，过电流时发出告警信号

续表

	自动运行模式	手动运行模式
电容接地运行状态	行为1：监视中性点电容两端电压，低电压时延时自动进入直接接地运行状态。 行为2：监视中性点电容两端电压，超过过电压保护值时保护动作，快速进入直接接地状态	行为1：监视中性点电容两端电压，低电压时发出安全进入直接接地状态提示信息。 行为2：监视中性点电容两端电压，超过过电压保护值时保护动作，快速进入直接接地状态

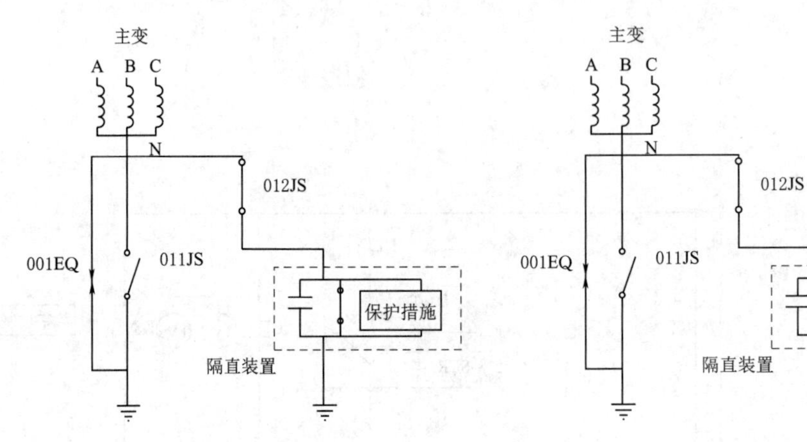

图4-2 直接接地运行状态系统接线图　　图4-3 电容接地运行状态系统接线图

4.1.3 控制操作

1. 就地控制模式

直流偏磁抑制装置接在变压器中性点与大地之间。在装置需要进行检修时，需要明显的接地标志，因此装置的检修由外部电压控制，需要现场工作人员通过手动方式调整压板使装置脱离变压器中性点进入检修状态。

装置上的“就地/远方”旋钮的位置决定了装置远方监控终端的投入/退出。在“就地”位置时，远方监控终端退出对装置的控制，只能监视装置的电气运行参数和开关状态，由就地的“状态转换钮”控制装置的接地状态（直接接地/电容接地）。在“远方”位置时，由远方监控终端控制装置的接地状态和控制模式。

2. 远程监控终端控制

远程监控终端是实现运行人员远程监视、控制的重要设备，操作界面和操作方法见4.2节。

3. 开关量及模拟量信号输出

隔直装置输出8个开关量信号和2个模拟量信号，用于远方检测隔直装置的运行状态。开关量、模拟量信号应通过电缆连接到变电站的主控制室，并通过主控制室的远动设备传输到上级调度中心，便于运行人员及时了解隔直装置的运行状态。隔直装置提供开关量状态信号输出表见表2-1，隔直装置提供模拟量信号输出表见表2-2。

4.2 直流偏磁抑制装置远程监控终端

4.2.1 概述

本书以某型号电容型直流偏磁抑制装置的远程监控终端为例来说明操作界面和操作方法，控制柜前面板见图4-4。由于绝大部分隔直项目为变电站增补项目，在原设计中没有在保护室布置直流偏磁抑制装置的后台控制屏，在实际工程中，直流偏磁抑制装置的远程监控终端一般放置在直流偏磁抑制装置的测控单元柜内。

变压器中性点直流偏磁抑制装置的远程监控终端是监视、控制中性点直流偏磁抑制装置的人机接口设备。值班人员通过电脑就能轻松了解并控制变压器中性点直流偏磁抑制装置。其主要功能如下：

(1) 直流偏磁抑制装置运行状态的监视。

(2) 在手动模式下直流偏磁抑制装置运行状态的控制操作。

(3) 直流偏磁抑制装置运行定值的设置。

(4) 直流偏磁抑制装置运行曲线、运行日志的记录。

(5) 为其他用户提供通过网络对直流偏磁抑制装置运行状态的Web浏览。

4.2.2 系统的安装运行

1. 安装系统

本软件为绿色免安装版，将ncbdrelease文件夹拷贝到所需存储的盘符即可使用。为使用实时曲线浏览功能，用户需配置数据库。方法步骤如下：

(1) 在Windows“控制面板”中找到“管理工具”项打开。

(2) 选择“数据源（ODBC）”项打开，出现“ODBC数据源管理器”窗口，数据源管理器窗口示意图见图4-5。

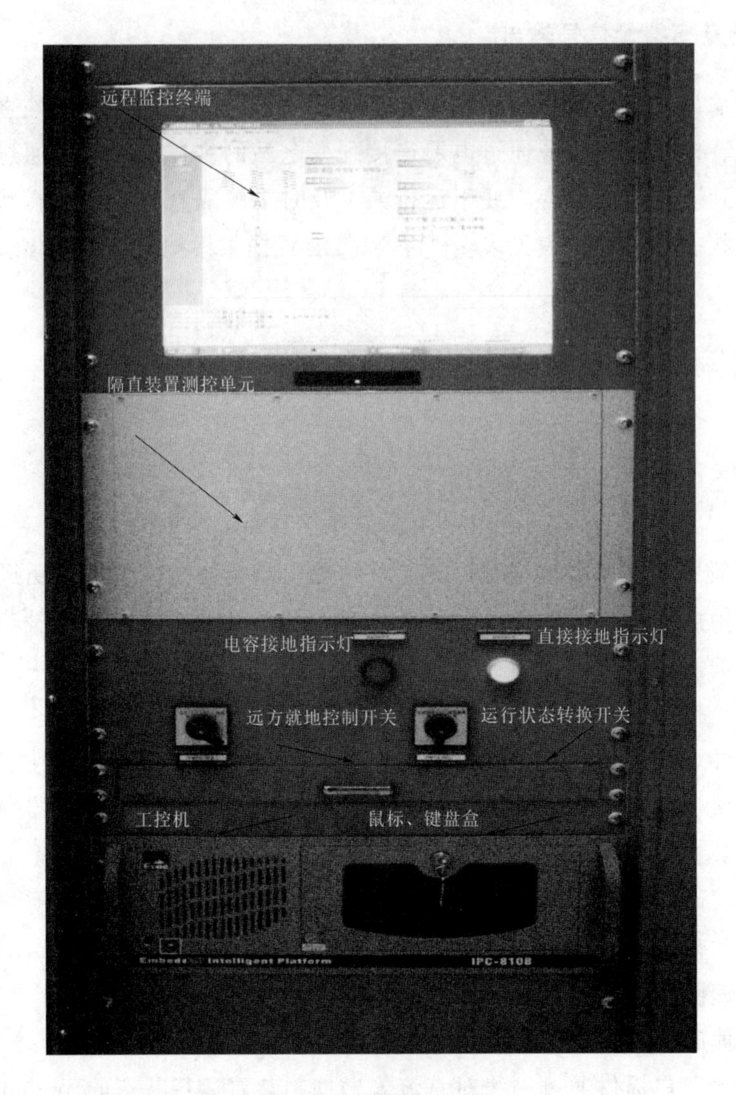

图 4-4　控制柜前面板

（3）在“ODBC 数据源管理器”的“用户 DSN”或“系统 DSN”页若不存在“ncbd”数据源，则点击“添加（D）…”按钮，添加一个名为“ncbd”的数据源，让该数据源指向安装目录下的“\ database \ webdb. mdb”数据库。ODBC Microsoft Access 窗口示意图见图 4-6。

（4）选择高级，输入用户名和密码，然后点击确定，配置完成。设置高级选项窗口示意图见图 4-7。

2. 运行系统

在 Windows 桌面上创建快捷方式，双击启动系统。

图 4-5　数据源管理器窗口示意图

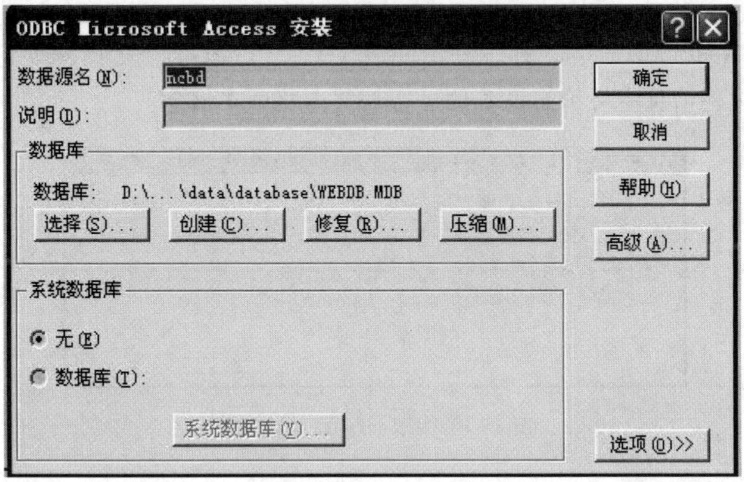

图 4-6　ODBC Microsoft Access 窗口示意图

3. 退出系统

选择菜单上的“退出（X）”项或点击标题条上的按钮☒，就能关闭远程监控终端系统。退出时会自动退出监视过程。

4. 软件版本

该装置远程监控终端版本直接从标题条上就能识别出来。设备侧控制单元运行版

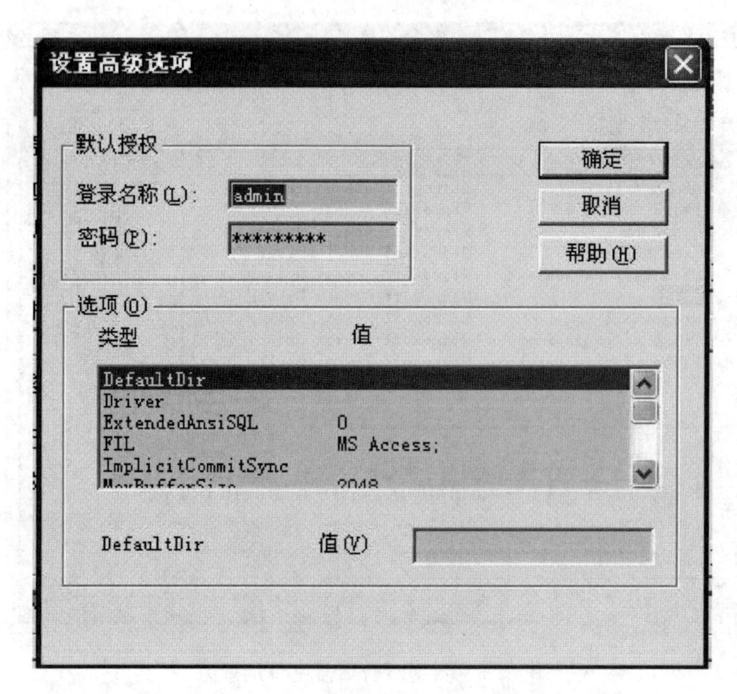

图 4-7　设置高级选项窗口示意图

本需要打开“帮助（H）”下的“关于 Ncw（A）…”窗口，关于 Ncw 窗口示意图见图 4-8，在设备信息中将给出设备侧运行软件内核版本信息。

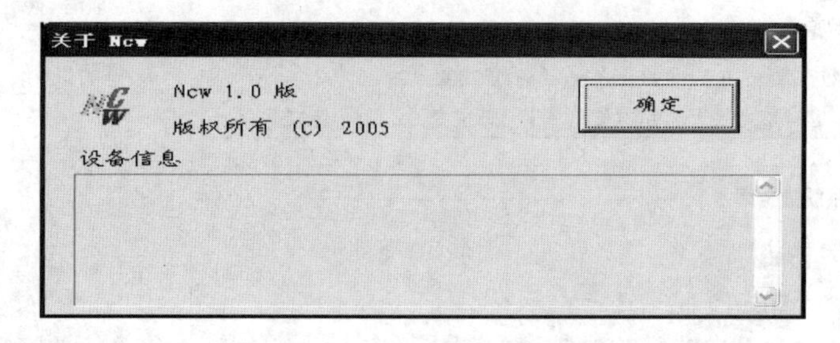

图 4-8　关于 Ncw 窗口示意图

4.2.3　运行模式

1. 运行窗口简介

启动系统后，将出现操作界面，该装置所有的远程控制操作将在该画面下完成，运行窗口画面构成图见图 4-9。

图 4-9 中主要包括如下元素：

(1) 工作区。对应当前操作模式下的主要操作画面。画面左边为 PAC-50K 装置

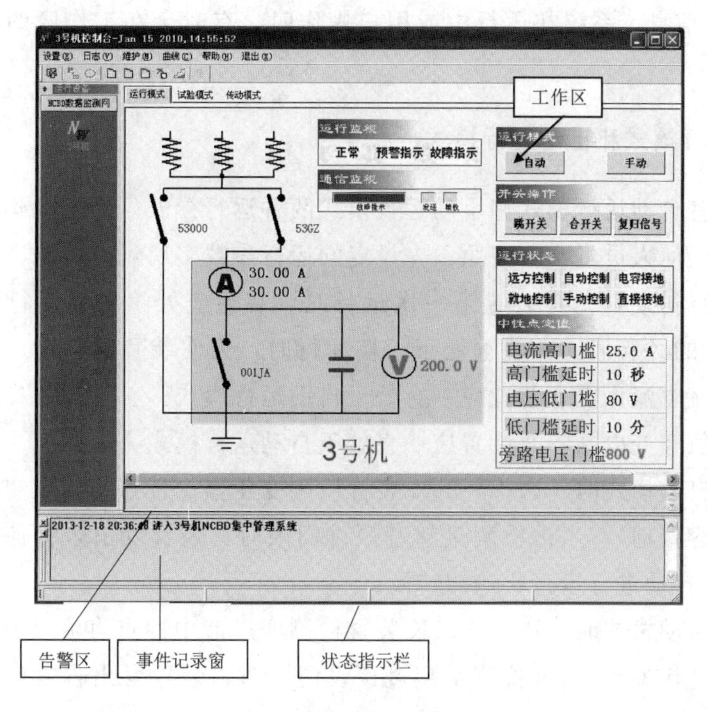

图 4-9 运行窗口画面构成图

接入变压器中性点的一个抽象原理图，显示装置状态转换开关的当前状态和中性点电流、电容电流、电容电压等参数。右边为控制按钮及运行模式当前运行参数表。

(2) 标题条。显示本系统的名称和最新程序版本日期。

(3) 工具条。显示功能项图标快捷操作方式。

(4) 告警区。显示 PAC-50K 运行或操作过程中出现的异常信息和告警信号。

(5) 事件记录窗。显示 PAC-50K 装置内部动作过程的事件信息。

(6) 就地/远方指示。显示 PAC-50K 装置内部测控单元的工作状态。当 PAC-50K 装置内部的远程/就地控制开关处于“就地”时处于退出，远程监控终端不能对 PAC-50K 装置进行操作；当远程/就地控制开关处于“远方”时处于投入，远程监控终端可以对 PAC-50K 装置控制。

(7) 运行状态指示。显示出当前的运行模式，有自动运行模式、手动运行模式、试验模式和传动模式四种显示内容。

(8) 接地状态指示。显示电容器工作状态，有两种显示状态：电容器接地状态和直接接地状态。

(9) 通信状态指示。当打开监视和控制功能后，该状态指示通信工作良好程度。如果动态出现#符号，表明通信良好，否则显示“接受过程不畅通”的提示。系统能自动恢复中断的通信。

（10）提示信息。系统在运行中或用户操作时，有时会在工作区的右上角给出动态的帮助信息。

2. 手动运行模式和自动运行模式

隔直装置有自动运行模式和手动运行模式两种运行模式。在自动运行模式下，隔直装置不需要任何人员干预，按照预先设定的运行参数实现隔直功能。

在装置运行初期，尤其装置第一次运行时，装置应处于手动运行模式，以获得“电压低门槛”的经验值。在装置处于长期运行时，为使装置更迅速、有效地隔离变压器中性点直流电流，隔直装置应一直处于自动运行模式。

对于无人值守变电站隔直装置应一直处于自动运行模式。

当设置为自动模式时，PAC－50K装置检测变压器中性点直流（直接接地）或电容器电压（电容接地），当被检测量超过预设门限时，装置发出告警信号（工控机及开关量输出），自动进行运行状态的转换。

当设置为手动模式时，PAC－50K装置检测变压器中性点直流（直接接地）或电容器电压（电容接地），当被检测量超过预设门限时，装置发出告警信号（远程终端及光字牌），提示信息区域出现“设备要求跳快速开关……”或“设备要求合快速开关……”提示，等待运行人员手动操作进行运行状态的转换。

无论自动还是手动模式，当被检测量超过预设门限时，告警区域均出现“2021－08－11 17：44：37电压越限告警［55H］”或“2021－08－11 17：44：37电流越限告警［55H］”的提示。

3. 接地状态

工作区图示的开关状态表示状态转换开关的开合，当状态转换开关处于跳开状态时，变压器中性点处于电容接地运行状态；当开关处于闭合状态时变压器中性点通过开关触点处于金属性直接接地状态。同时接地状态指示和状态栏也有同样的标识，三者表示的接地状态相同。远程监控终端直接接地模式运行界面见图4－10，远程监控终端电容接地模式运行面界见图4－11。

接地状态切换后，图示开关的状态也随之切换。在中性点电容接地方式下，如果有系统故障发生，导致中性点电压超出设置的旁路电压启动门限时，快速旁路系统启动，进入直接接地状态。

4. 开关操作

在手动运行模式下，能直接对开关进行控制，操作时，直接点击工作区内“开关操作”窗口下的“跳开关”或“合开关”按钮，就能开始操作。开关操作窗口见图4－12。

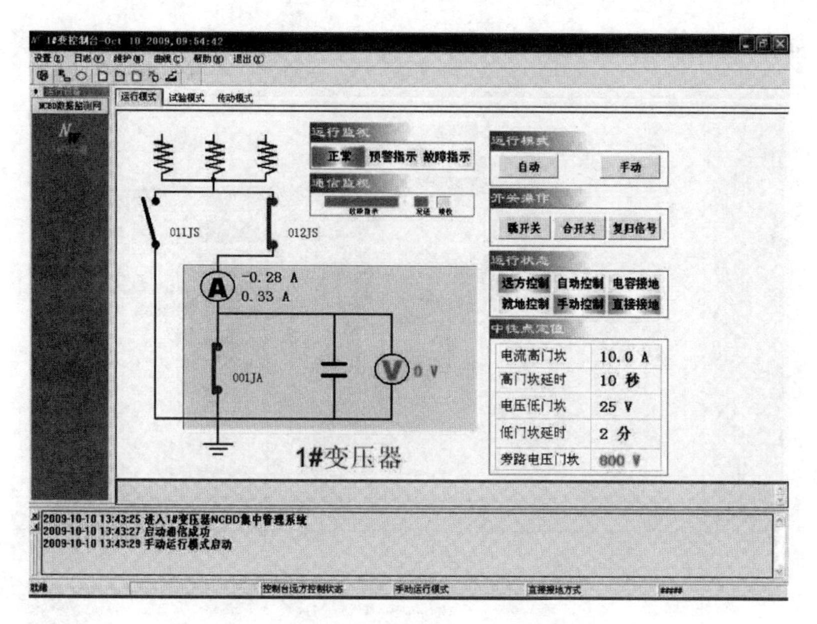

图 4-10　远程监控终端直接接地模式运行界面

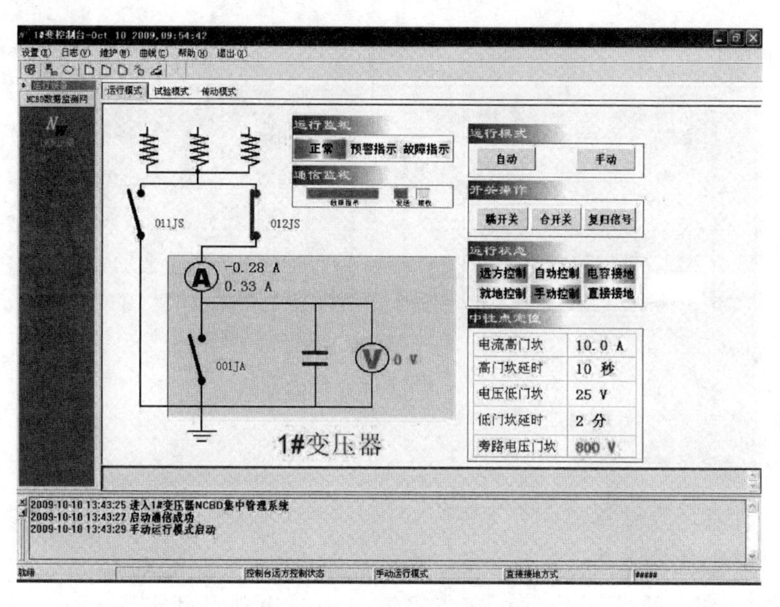

图 4-11　远程监控终端电容接地模式运行面界

当单击“跳开关”或“合开关”后，开关操作确认窗口见图 4-13。

确定后，相关动作开始执行，在提示区有操作过程和结果提示，可能的提示如下：

（1）“跳快速开关过程中...”。

（2）“跳快速开关成功”。

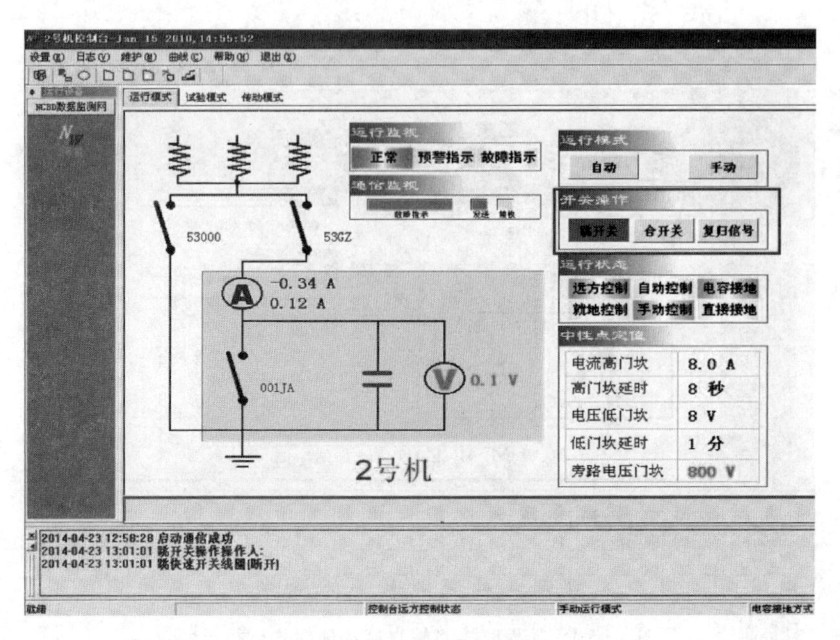

图 4 - 12　开关操作窗口

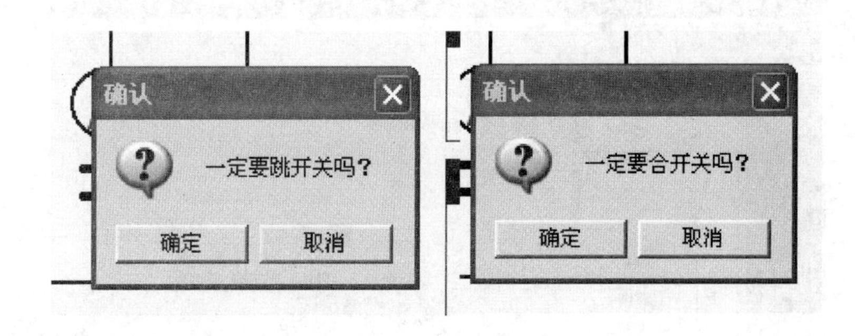

图 4 - 13　开关操作确认窗口

(3)“跳快速开关失败”。

(4)“合快速开关过程中...”。

(5)“合快速开关成功”。

如果所执行的操作没有成功，在告警窗口中会出现最新告警提示，例如“2021 - 10 - 11 17：39：22 可控硅低压触发告警”。

当开关操作告警时，可通过点击“复归信号”按钮将告警信号复归，同时复归动作信号。

开关在跳位置时，不能进行“跳开关”操作；反之，开关位于合位置时，不能进行“合开关”操作。在自动运行模式，不能直接执行跳合开关，如果运行人员希望手动执行操作，需首先转换为手动操作。

5. 旁路自检功能

非故障情况下，装置可以自动执行自检过程，自检周期可以人工进行设置，单位为天。自检过程即对旁路触发元件及回路进行验证，以保证整个装置的正常运行，装置出现故障可以及时被发现。如果旁路系统故障，则在告警窗口显示故障类型。告警示例“2021－10－11 17：39：22 可控硅低压触发告警［55H］”。

可检测的验证故障类型如下：

（1）可控硅低压触发。

（2）可控硅不触发或高压触发。

（3）充电电源故障。

（4）跳开关故障。

（5）晶闸管击穿等。

6. 故障检测

检测到故障后，将在告警窗口显示并闭锁出口。PAC－50K 运行过程中可以对装置本身元件故障进行检测，可检测故障如下：

（1）触发压板设置故障。

（2）电容器短路故障（仅电容接地状态下）。

（3）整流桥开路故障（仅电容接地状态下）。

7. 事件窗口

操作过程中，在事件窗口中将显示出操作命令发出后的各种动作信息，动作信息提示窗口见图 4－14。

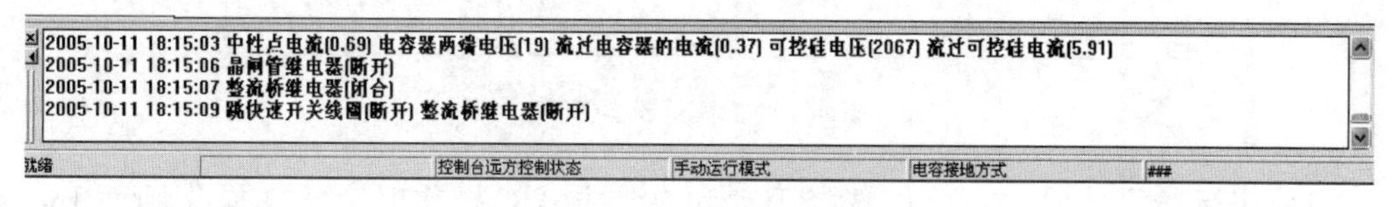

图 4－14　动作信息提示窗口

当启动直接接地到电容接地的验证过程并执行正确后，在事件窗口出现触发时刻的晶闸管电压和触发后的晶闸管电流，以便于分析触发情况。

4.2.4　启动远程控制

启动远程控制有以下方式：

（1）在“设置（E）”主菜单下选择“启动轮询（P）”。

（2）在工具栏上点击图标按钮 。

启动轮询后，通知状态指示有效。首次通信时，将自动召唤PAC-50K设备，如果没有PAC-50K设备或PAC-50K设备控制单元不能正常工作时，在通信状态栏上将显示“接受过程不畅通”。首次通信成功后，还会自动读取设备状态和相关的参数信息。

4.2.5 工作模式切换

用户的每项远程操作都是在一种具体的操作模式下进行的。工作模式切换非常简单，只需要在“工作模式切换栏”上单击相应的工作模式文字就能切换到所要的工作模式上。当前的工作模式将在状态栏上、工作区上的运行状态提示或模式切换栏上的灰底黑字表示出来。模式选择窗口见图4-15。

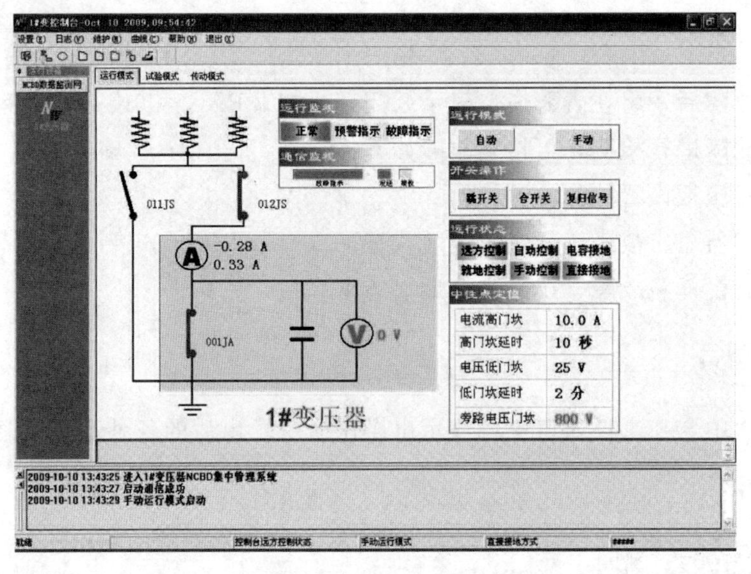

图4-15 模式选择窗口

当处于运行模式时，还可以选择手动和自动方式，操作时直接在操作画面上，点击“运行模式”下的“自动”或“手动”按钮，就能得到需要的运行模式，切换后在状态栏上和工作区运行状态提示框内将给出相应提示。运行模式操作窗口见图4-16。

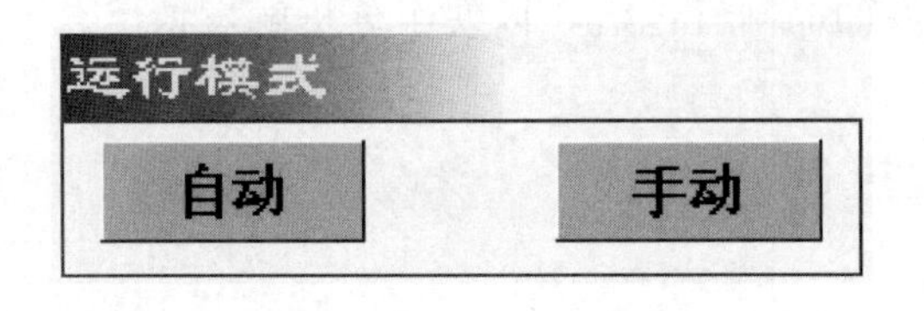

图4-16 运行模式操作窗口

4.2.6 参数设置

单击主菜单“设置（E）”下“参数设置（S）”或者点击工具栏上图标，就能打开参数设置窗口，窗口中显示了所有可设置参数的内容，包括参数的名称单位和当前值。参数设置窗口见图 4-17。

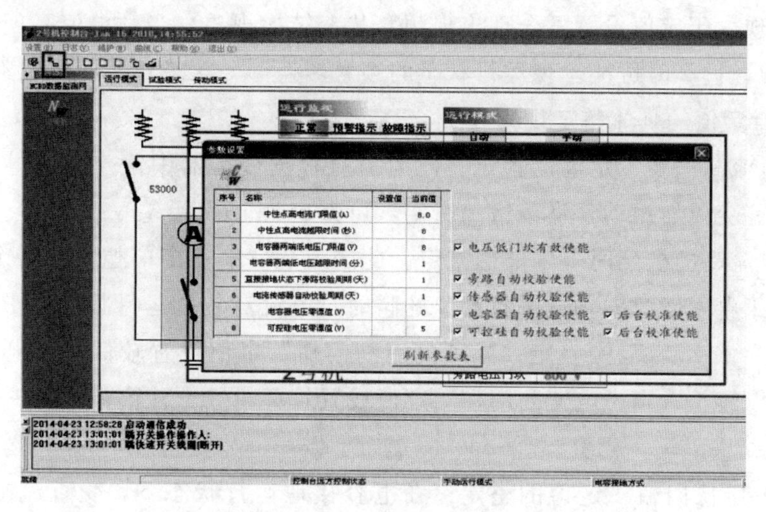

图 4-17 参数设置窗口

具体设置时，用鼠标点击要设置条目“设置值”列下的空白处，如中性点高电流门限值（A），输入要设置的值，按回车，该值将以红色显示在“设置值”列下。等到所有要设置的值设置完成后，按“刷新参数表”按钮后，新的设置值将发送到设备侧控制单元中，并且在主工作区下的“触发限值”窗口中将显示出新的参数内容（通信正常情况下）。

1. 运行定值

装置共有 5 个运行定值，参数显示窗口见图 4-18，分别如下：

（1）电流高门槛定值、电流高门槛延时定值。在直接接地状态下，中性点直流电流超过“电流高门槛”定值，并且持续时间超过“电流高门槛延时”定值时，装置将进入电容接地运行状态。

（2）电压低门槛定值、电压低门槛延时定值。在电容接地运行状态下，中性点电压低于“电压低门槛”定值，并且持续时间超过“电压低门槛延时”定值时，装置将进入直接接地运行状态。

中性点定值

电流高门槛	25.0A
高门槛延时	10秒
电压低门槛	800V
低门槛延时	10秒
旁路电压门槛	800V

图 4-18 参数显示窗口

(3) 旁路电压门槛定值。此定值为变压器中性点过电压的保护定值，用于当三相不平衡故障时，变压器中性点快速返回直接接地。此定值由硬件设置固定为800V。

2. 整定原则

在变压器中性点出现直流电流时，装置能够可靠进入电容接地状态；当产生直流电流的因素消失时，装置能够恢复到直接接地运行状态。

避免出现由于定值设置不合理出现频繁状态转换现象。当“电流高门槛”过低或“电压低门槛”过高时可能出现运行状态的频繁转换——状态转换振荡现象。

5个运行定值的具体整定规则如下：

(1)“电流高门槛”定值的整定。此定值应根据变压器中性点直流电流对变压器的影响程度、变压器振动、噪声情况决定，可整定为10～20A。

(2)“电流高门槛延时”定值的整定。此定值是“电流高门槛”的一个配合定值，用于虑除由于电网瞬时波动或干扰产生的瞬时过电流对装置运行状态的影响，此定值的设置可以在1～30s范围整定。当“电流高门槛”定值设置较低时“电流高门槛延时”定值可以较长；当“电流高门槛”定值设置较高时“电流高门槛延时”定值可以较短。

(3)“电压低门槛”定值的整定。在电容接地运行状态下，受直流电势的影响，在电容器两端将产生一个直流电压，此电压即为产生变压器中性点直流电流的电压值。此电压值跟当时直流输电系统的负荷情况、电网结构、大地阻抗等诸多因素有关。可以通过仿真计算、或通过将装置实际接入中性点进行测量获得其值。

对应直接接地状态下的状态转换“电流高门槛”定值，装置转换为电容接地状态时，在隔直电容两端将产生与之对应的初始电压，此电压即为形成中性点直流“电流高门槛”的直流电势——初始直流电势。“电压低门槛”定值的整定应远低于根据实际运行测量的初始直流电势，以防止产生装置状态转换振荡。

(4)“电压低门槛延时”定值的整定。此定值是“电压低门槛”的一个配合定值，用于滤除由于电网瞬时波动或干扰产生的瞬时低电压，造成装置误动作；此定值的设置可以在1min～16h范围整定。

4.2.7 查看功能

1. 查看日志

当系统出现告警、动作、输入信号变化时会自动生成事件记录，记录时会自动标上控制计算机的时钟，可以通过观察这些记录条目来分析PAC-50K设备的运行动作情况。

操作时，直接选择“日志（V）”下对应的日志功能项，系统会自动弹出日志内容窗口。

如果要清除事件窗口中显示的内容，可选择“日志（V）”菜单下的“清除显示（C）”或点击工具栏上的按钮实现。

2. 查看实时曲线和历史曲线

后台监控软件具有查看实时曲线和历史曲线功能，方便用户对装置的实时数据以及历史数据的查看和分析。曲线查看菜单窗口见图 4-19，历史曲线查看窗口见图 4-20。

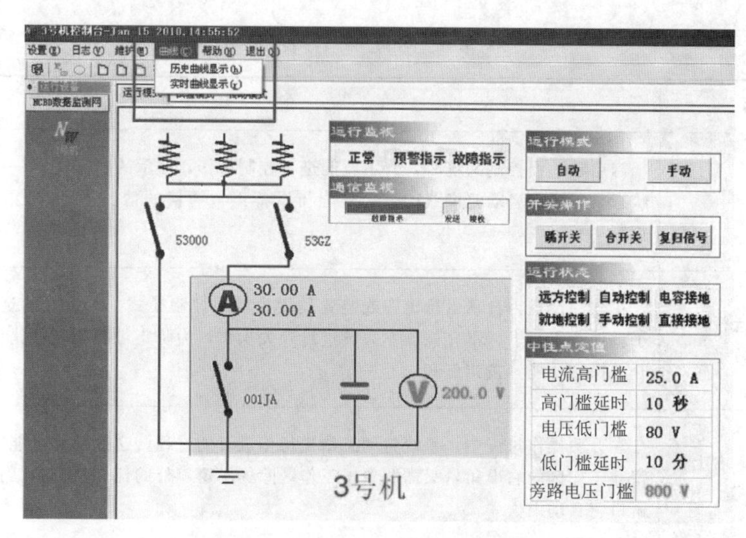

图 4-19　曲线查看菜单窗口

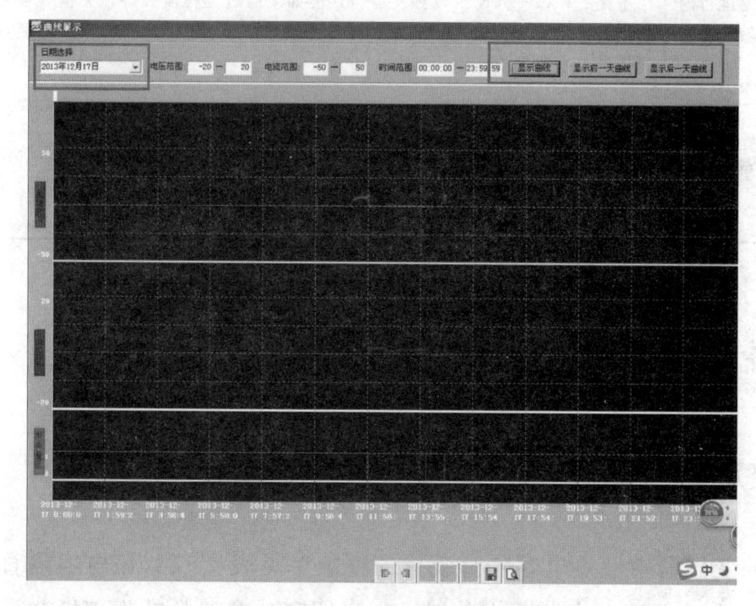

图 4-20　历史曲线查看窗口

单击主菜单“曲线（C）”下“历史曲线显示（h）”“实时曲线显示（r）”，就能打开曲线查看窗口，在实时曲线窗口中显示了当前电压电流及开关状态的实时数据。在历史曲线窗口中选择日期，然后点击显示曲线，可以以天为单位查看当天的历史数据记录。

4.2.8 常见问题

远程终端的常见问题统计见表 4-2。

表 4-2　常见问题统计表

问题描述	解　释
主画面启动了，如何使远程控制有效呢	当启动远程控制系统时，并不就能进行控制操作，显示的状态也不一定是设备的运行状态，需要“启动轮询（P）”，且能与设备正常通信的情况下，才能真正地进行远程控制
为什么有时候运行模式下的开关操作无效了	在软件设置为自动运行模式或装置设置为就地控制模式（装置上的远方/就地开关处于就地位置）下，不允许操作人员进行开关操作，为防止可能出现的错误，系统关闭了开关操作功能（按钮变灰）
怎样去掉工作区右上角的提示信息	在开关操作过程中，系统将动态给出操作进行的过程，这些操作可能在完成之后仍然留在工作区的右上角，只需要单击工作区除提示窗口外的任何地方包括按钮，提示信息窗口将自动消失
PAC-50K 装置运行时一定要远程监控终端运行吗	不是。PAC-50K 可以独立运行，但如果通过远程监控终端来监视和操作 PAC-50K 的运行，将大大方便用户的操作。当远程监控终端退出运行时，所有通过远程监控终端设置的参数仍然有效
PAC-50K 装置对远程监控终端的计算机硬件配置有要求吗	能运行 Windows 环境，且带有 RS232 串口的计算机都能运行本系统，但机器配置越高将越有利于系统运行

4.3 直流偏磁抑制装置保护动作逻辑

4.3.1 整定单示例

某型号的变压器中性点电容隔直装置的整定单见表 4-3，该电容隔直装置一次系统见图 4-1。本节以该电容器隔直装置为例说明隔值装置的动作逻辑。

表 4-3　　某型号的变压器中性点电容隔直装置的整定单

名　称	动 作 值	返 回 值
直流电流越上限	5A，延时 10s	4.5A，延时 10s
交流电流越上限	300A，延时 0s	285A，延时 0s
交流电流越下限	250A，延时 0s	265A，延时 0s
TA 超差	5A，延时 10s	4.5A，延时 5s
TV 超差	3V，延时 10s	2.5V，延时 5s
TA 故障	120A，延时 10s	119A，延时 5s
直流电压越下限	2.5V，延时 7200s	3V，延时 5s
直流电压越上限	6V，延时 10s	5.5V，延时 5s
温度超限	40℃，延时 180s	35℃，延时 60s
湿度超限	85%，延时 180s	80%，延时 60s
直流越上限报警延时	15s	—

4.3.2 金属接地模式分合闸逻辑

1. 自动合闸动作

当装置处于“就地 & 自动”模式下，只要满足 TV1 与 TV2 直流电压越下限（即 TV1 与 TV2 检测到的直流电压绝对值低于 2.5V）且延时达到，装置就会自动合闸。此时自动合闸逻辑需旁路开关处于分闸状态。

2. 自动分闸动作

当装置处于“就地 & 自动”模式下，只要满足以下任一条件且延时达到，装置会自动分闸，自动分闸逻辑需旁路开关处于合闸状态才有效且需满足交流电流越下限的前提：

（1）分闸条件一：直流电流越上限，即 DCTA1 与 DCTA2 任一检测到的直流电流绝对值超过了 5A。

（2）分闸条件二：DCTA1 与 DCTA2 超差（故障）报警，即两者检测到的电流有效值相差超过 5A。

（3）分闸条件三：TV1 超差与 TV2 超差（故障）报警，即两者检测到的电压有效值相差超过 3V。

4.3.3 常投模式的分合闸逻辑

此模式下隔直装置旁路开关长期处于分闸状态，也即电容器长期投入，只有当装置内部的交流电流互感器 ACTA 检测到的交流电流超过 300A 时，旁路开关才合闸。

4.3.4 强制自动合闸

当交流系统发生故障，装置内部的交流电流互感器 ACTA 检测到的交流电流超过 300A 时，不管装置运行在哪种模式下，都会在微秒级内先强制导通快速旁路回路，同时令旁路开关合闸。

当交流系统故障恢复，装置内部的交流电流互感器 ACTA 检测到的交流电流低于 250A 时，装置将重新按当前的模式运行。

4.4 直流偏磁抑制装置二次回路原理

直流偏磁抑制装置二次回路主要包括控制回路、信号回路、电流传感器监测回路、电源（控制、照明）回路，本书以某型号变压器中性点抑制装置为例说明二次回路原理。

4.4.1 控制回路

控制回路可用于就地或远方控制速合开关合闸与跳闸。

就地速合开关控制回路见图 4-21，当远方/就地控制开关 1KK 打在就地位置时，可通过就地操作开关 2KK 控制速合开关合闸与跳闸。

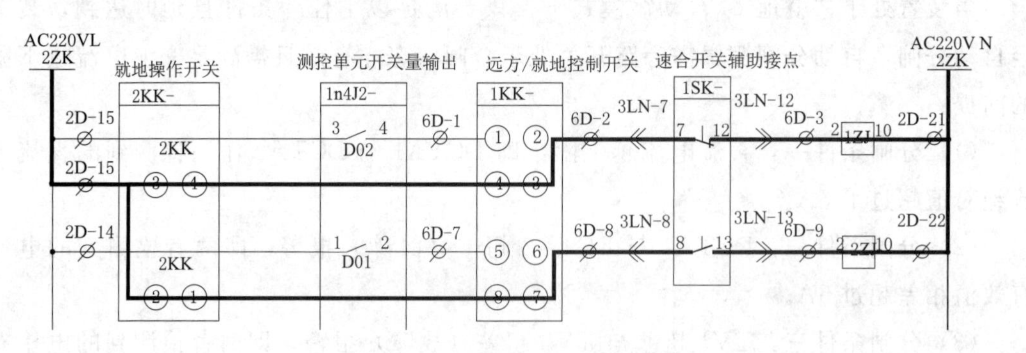

图 4-21 就地速合开关控制回路

远方速合开关控制回路见图 4－22，当远方/就地控制开关 1KK 打在远方位置时，可通过测控单元开关量 D02、D01 输出控制速合开关合闸与跳闸。

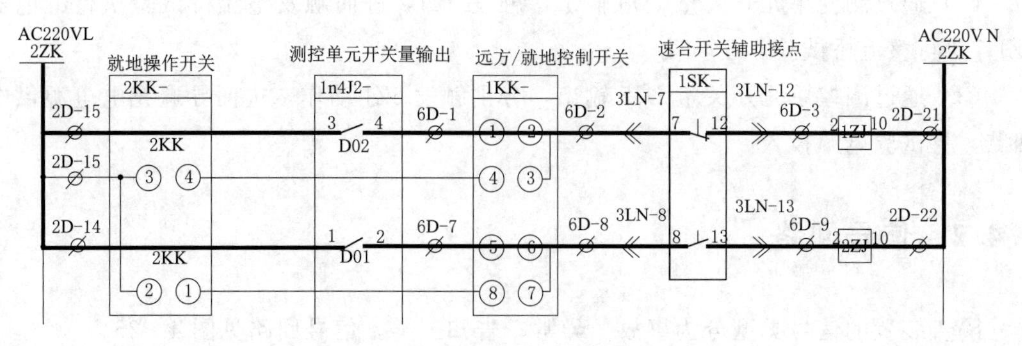

图 4－22　远方速合开关控制回路

控制回路可用于远方控制晶闸管试验、试验电源投入、整流桥试验的执行。远方控制试验执行回路见图 4－23，当远方/就地控制开关 1KK 打在远方位置，速合开关在合闸位置（速合开关辅助触点 1SK5－1SK15 闭合）时，试验执行回路见图 4－24。

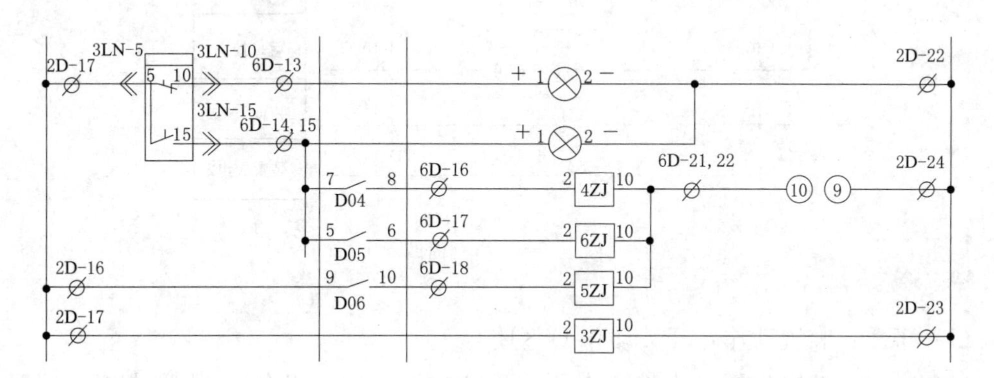

图 4－23　远方控制试验执行回路

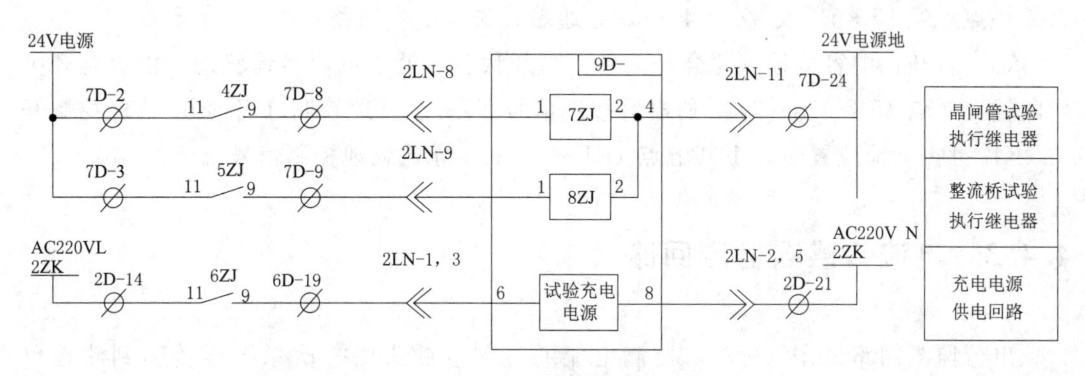

图 4－24　试验执行回路

（1）通过测控单元开关量 D04 输出，触发 4ZJ，进而触发晶闸管试验执行继电器 7ZJ 动作，执行控制晶闸管试验。

（2）通过测控单元开关量 D03 输出，触发 5ZJ，进而触发整流桥试验执行继电器 8ZJ，执行整流桥试验。

（3）通过测控单元开关量 D05 输出，分别触发 6ZJ 动作，进而导通充电电源供电回路，将试验电源投入。

4.4.2 信号回路

隔直装置的信号类型分为事故、异常、告知三类，信号回路见图 4-25。

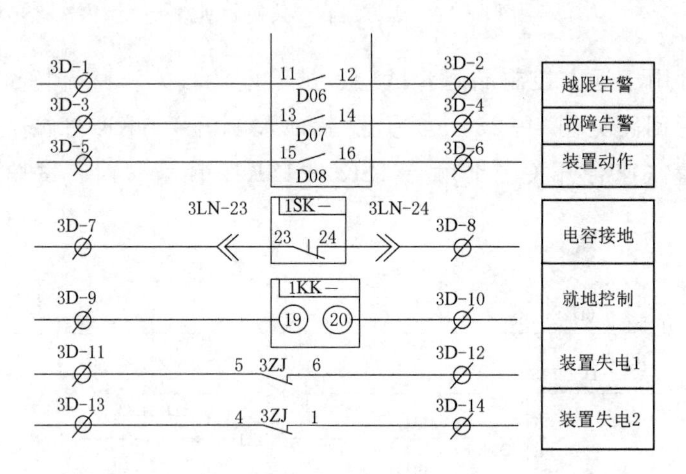

图 4-25 信号回路

（1）事故：装置动作，开关动作 D08 闭合 10s。

（2）异常：越限告警（中性点电压或电流越限，D06 闭合）、故障告警（装置允许异常时 D07 闭合）、装置失电（控制电源消失后，电源监视继电器 3ZJ 复归，由其常闭触点 3ZJ（5-6）或 3ZJ（4-1）导通装置失电信号回路）。

（3）告知：电容接地（速合开关处于断开状态时处于电容接地状态，由速合开关常闭辅助触点 1SK-23-24 导通电容接地信号回路）、就地控制（当远方/就地控制开关 1KK 打在就地位置时，由其触点 1KK-19-20 导通就地控制信号）。

4.4.3 电流传感器监测回路

电流监测回路见图 4-26，监测电流通过航空插头由一次系统屏传输到测控单元屏。

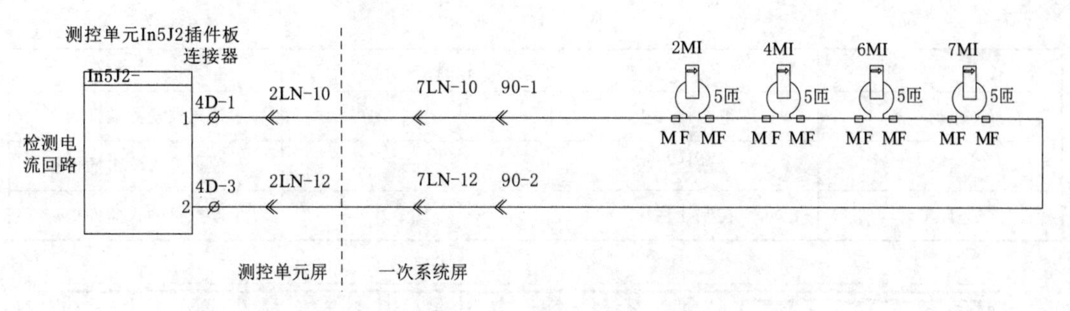

图 4-26　电流监测回路

4.4.4　电源回路

电源回路包括控制电源、装置电源、照明电源和插座电源，装置电源与控制电源共用空开 2ZK，照明电源和插座电源共用空开 3ZK，电源回路见图 4-27。

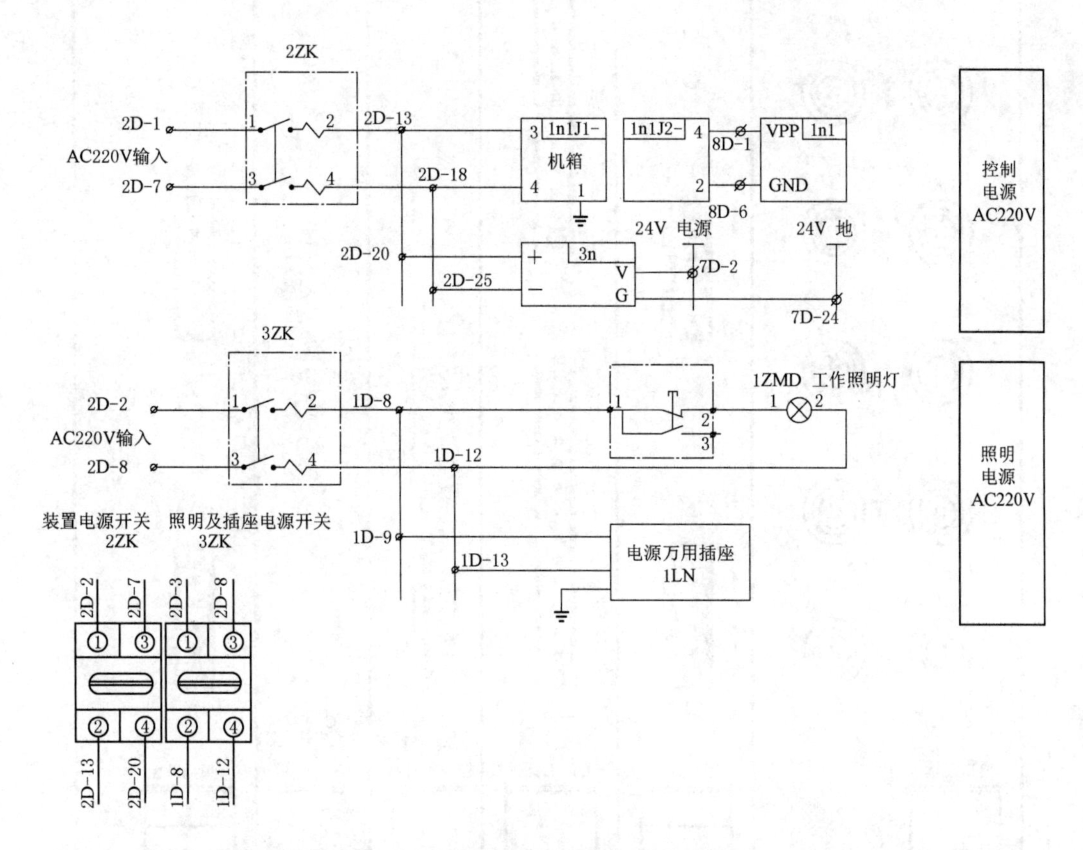

图 4-27　电源回路

某型号测控单元机箱插件板共有 6 块，见表 4-4。插件布置图见图 4-28。

表 4-4　　插　件　板

编　号	名　称	编　号	名　称
1n1	电源插件板	1n4	传感器检测插件板
1n2	录波插件板	1n5	开关量输入输出插件板
1n3	控制插件板	1n6	模拟量输入插件板

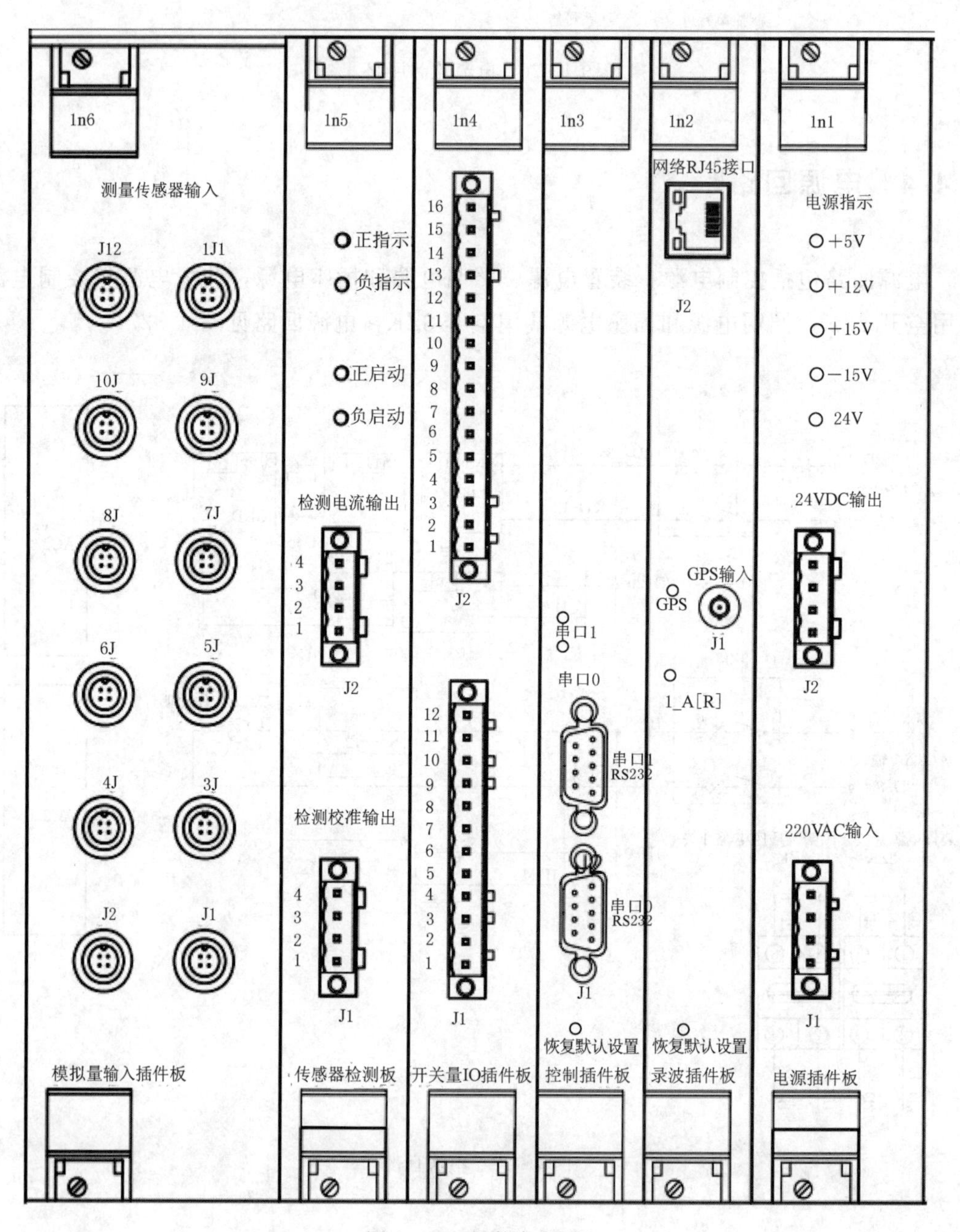

图 4-28　插件布置图

某型号测控单元控制输出中间继电器共有 6 个，见表 4-5，中间继电器配线图见图 4-29。

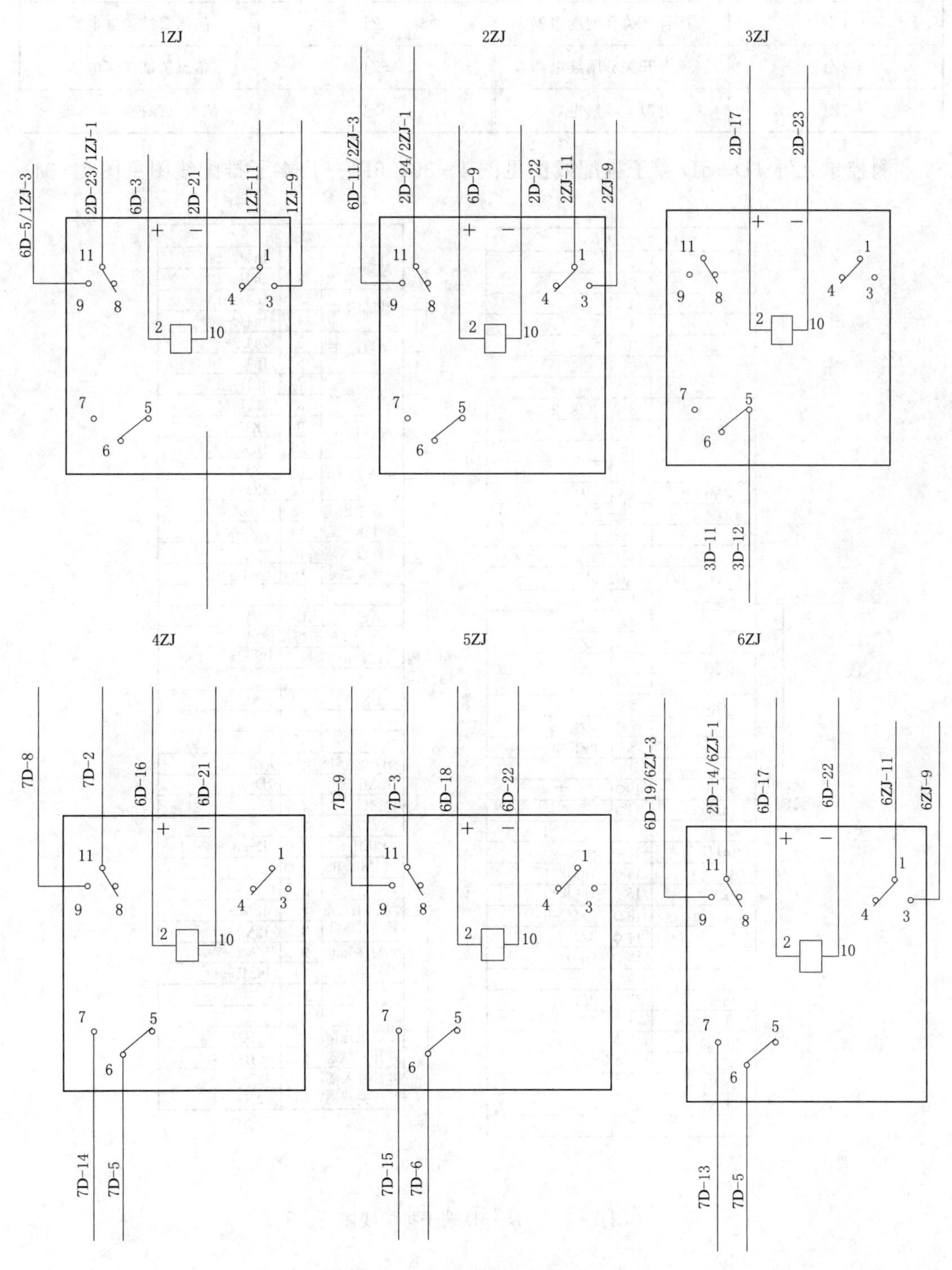

图 4-29　中间继电器配线图

表 4-5　　　　控制输出中间继电器

编　号	名　称	编　号	名　称
1ZJ	速合开关合闸继电器	4ZJ	晶闸管试验继电器
2ZJ	速合开关分闸继电器	5ZJ	整流桥试验继电器
3ZJ	电源监视继电器	6ZJ	试验电源投入继电器

测控单元屏 1D-5D 端子排配线图见图 4-30，6D-8D 端子排配线图见图 4-31。

图 4-30　1D-5D 端子排配线图

设备运行状态控制逻辑图见图 4-32。

6D	控制信号	
1KK－1	1	1n4J2－4
1KK－2	2	3LN－7
1ZJ－2	3	3LN－12
	4	
1ZJ－9	5	3LN－2
	6	
1KK－5	7	1n4J2－2
1KK－6	8	3LN－8
2ZJ－2	9	3LN－13
	10	
2ZJ－9	11	3LN－4
	12	
1LED－1	13	3LN－10
2LED－1	14	1n4J2－7
3LN－15	15	1n4J2－5
4ZJ－2	16	1n4J2－8
6ZJ－2	17	1n4J2－6
5ZJ－2	18	1n4J2－10
6ZJ－9	19	2LN－1, 3
	20	
1KK－10	21	4ZJ－10
6ZJ－10	22	5ZJ－10
	23	
	24	
	25	
	26	

7D	24V DI输入信号	
5D－1	1	
4ZJ－11	2	3n－V
5ZJ－11	3	3LN－22
21GZ－1	4	22GZ－1
6ZJ－6	5	4ZJ－6
1KK－15	6	5ZJ－6
	7	
2LN－8	8	4ZJ－9
2LN－9	9	5ZJ－9
	10	
	11	1n4J1－2
3LN－26	12	1n4J1－3
6ZJ－7	13	1n4J1－4
4ZJ－7	14	1n4J1－5
5ZJ－7	15	1n4J1－6
1KK－16	16	1n4J1－7
21GZ－3	17	1n4J1－8
22GZ－3	18	1n4J1－9
	19	
	20	
	21	
	22	
5D－4	23	
2LN－11	24	3n－G
	25	1n4J1－1
	26	1n4J1－12
8D	**24V电源**	
	1	1n1J2－4
	2	
	3	
	4	
	5	
	6	1n1J2－2
	7	
	8	
	9	

图 4－31 6D－8D 端子排配线图

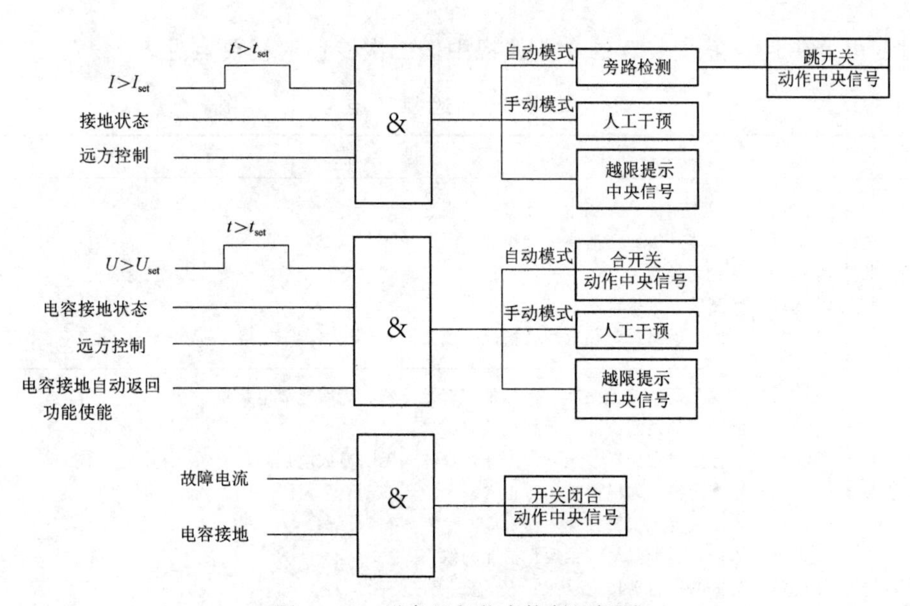

图 4－32 设备运行状态控制逻辑图

4.5 直流偏磁抑制装置二次检修策略

4.5.1 检修分类

检修工作分为A类检修、B类检修、C类检修、D类检修四类，见表4-6。

表4-6 检修分类

分类	检修项目	检修周期
A类	指整体性检修，包含整体更换、解体检修	按照设备状态评价决策进行，应符合厂家说明书要求
B类	指局部性检修，含部件的解体检查、维修及更换	按照设备状态评价决策进行，应符合厂家说明书要求
C类	指例行检查及试验，包含成套装置检查维护、电阻器、电容器、高能氧化锌组件、旁路开关、互感器、保护间隙的检查维护及整体调试	按所连接变压器的检修周期执行
D类	指在不停电状态下进行的检修，包含专业巡视、辅助二次元器件更换、金属部件防腐处理、箱体维护等不停电工作	依据设备运行工况及时安排，保证设备正常功能

4.5.2 二次专业巡视要点

对变电器中性点隔直装置的专业巡视中，二次专业巡视要点见表4-7。

表4-7 二次专业巡视要点

装置类型	要点
电阻限流装置	（1）外观无锈蚀、无灰尘、无破损、无变形。 （2）绝缘体外表面清洁，无裂纹。 （3）装置无异常。 （4）监测装置无报警。 （5）遥信、遥测量与装置运行情况一致
电容隔直装置	（1）外观无锈蚀、无振动、无异常声音及异味、无明显放电痕迹。 （2）绝缘体外表面清洁，无裂纹。 （3）装置无异常振动、无异常声音及异味、无明显放电痕迹。 （4）检查冷控、通风设备运行正常。 （5）监测装置无报警。 （6）遥信、遥测量与装置运行情况一致。 （7）装置的运行动作记录

按变电站巡检要求对装置进行巡检，主要巡检以下内容：

（1）观察触摸屏上的“AI”界面指示是否正确，触摸屏“AI”界面见图4－33。

（2）观察触摸屏上的“故障显示”界面是否有故障指示，哪一路出现 ON ，代表该路发生故障，触摸屏“故障显示”界面见图4－34。

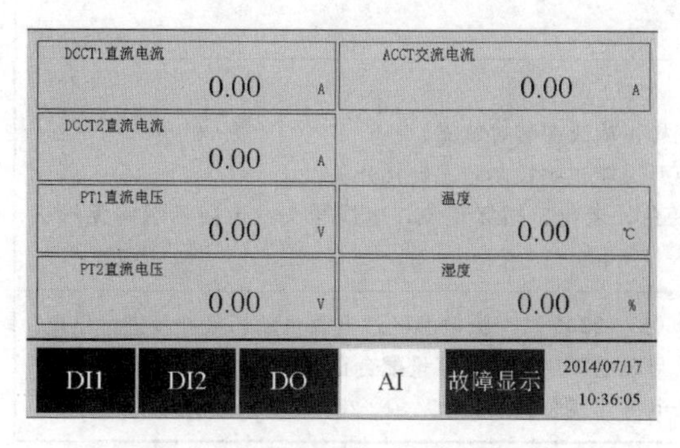

图4－33　触摸屏“AI”界面

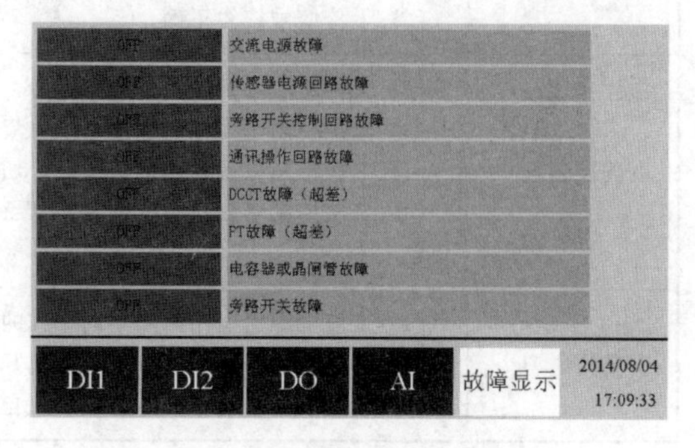

图4－34　触摸屏“故障显示”界面

（3）旁路开关的分合闸位置是否与面板显示的一致，装置面板见图4－35。

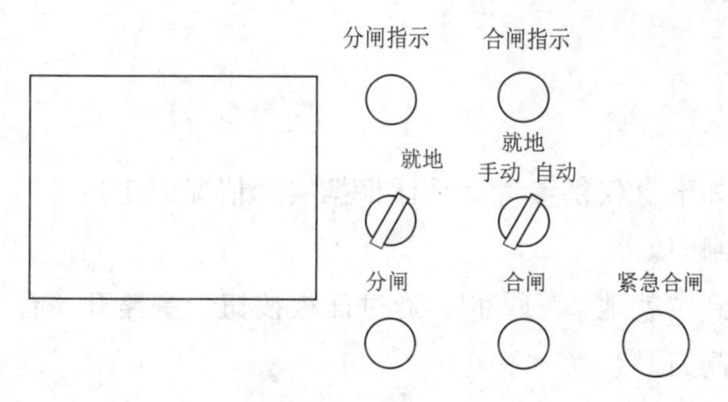

图4－35　装置面板

4.5.3　二次检修关键工艺控制要求

对变电器中性点隔直装置的进行检修过程中，二次检修关键工艺控制要求见表4－8。

表4－8　　**二次检修关键工艺控制要求**

装置类型	要　求
电阻限流装置	（1）设备出厂铭牌齐全、参数正确。 （2）接地可靠，无松动及明显锈蚀。 （3）二次接线良好，无松动，防护套无损坏。 （4）二次回路绝缘电阻大于5MΩ。 （5）上传信号核对正确

续表

装置类型	要　求
电容隔直装置	(1) 二次接线良好，无松动，防护套无损坏。 (2) 二次回路绝缘电阻大于 5MΩ。 (3) 设备出厂铭牌齐全、参数正确。 (4) 转换功能检查正确。 (5) 上传信号核对正确
测控装置	(1) 装置应能正确显示各测控信号。 (2) 二次控制单元应能根据电压电流采样正确改变装置状态。 (3) 二次控制单元切就地情况下，切换开关能正确控制状态转换开关。 (4) 二次控制单元二次电缆绝缘层无变色、老化、损坏现象，电缆号头、走向标示牌无缺失现象
交流电源	(1) 交流电源需引用两路不同母线的 380V (220V) 交流电源经过电源自动切换装置进行供电。 (2) 空调、照明、插座各电源空气开关与总电源空气开关容量配合正确。 (3) 装置二次控制单元电源直接从自动电源切换装置引出

4.5.4 停电检修

1. 停电步骤

停电检修步骤如下（仅供参考，具体根据实际情况而定）：

(1) 合上接地闸刀。

(2) 将装置拨到“就地 & 手动”，通过面板按钮让旁路开关合闸。

(3) 分开隔直闸刀。

(4) 对电容器进行放电。

2. 故障检修

需停电检修的故障报警信号见表 4-9，当主控室出现以下报警信号时，均需对装置进行停电检修，装置停电检修前需确定隔直闸刀处于分闸位置。

表 4-9　　需停电检修的故障报警信号

序号	送主控室信号	信号性质	事件动作可能原因
1	控制器故障	遥信	(1) 控制器出现故障 (2) 控制器掉电
2	TV 超差（故障）	遥测	(1) TV 故障故障/变送器故障 (2) 公用测控故障
3	DCTA 超差（故障）	遥测	(1) DCTA 故障/变送器故障 (2) 公用测控故障

4.5.5 装置年检

变压器中性点隔直装置年检主要进行以下项目：

(1) 常规检查。装置需每年按要求进行年检，例如除尘、除锈等。

(2) DCTA 与 TV 精度检验。每年需对 DCTA 与 TV 进行测量精度检验，如发现 DCTA 测量精度超过 5A，TV 测量精度超过 3V，则需进行更换。

(3) 测控装置检验。通过专业仪器检查测控装置的采样精度、信号回路等。

(4) 装置功能检验。每年需按出厂实验报告的内容与步骤对装置进行一次完整的功能检验。

4.5.6 常见运行异常检修策略

常见运行异常检修策略见表 4-10。

表 4-10　　常见运行异常检修策略

运行异常	异常描述	检修策略
失电告警	运行状态下中性点隔直流装置输出失电告警信号，表明装置的供电电源已经消失	应对装置的供电回路进行检查，用万用表检查装置供电端子排电源输入端 AC220V 是否存在
故障告警	在运行状态下主变中性点隔直流装置故障告警信号输出时，表明装置出现异常	可能原因： (1) 双量测电流传感器测量误差超出允许范围。 (2) 内外电压传感器测量误差超出允许范围。 (3) 装置至远程监控终端的数据通信中断。 (4) 装置由直接接地运行状态进入电容接地运行状态时失败。 出现以上 (1)、(2)、(3) 情况时，请及时通知设备制造商。出现情况 (4) 时，应及时检查通信线路状况，确认线路无误后，通知制造商
越限告警	运行状态下主变中性点隔直流装置输出越限告警信号	除如下两种情况以外的越限告警属于异常情况，请及时通知设备制造商。 (1) 在电容接地状态下，如果中性点电压低于电压低门槛并满足延时要求。 (2) 在直接接地状态下，如果中性点电流高于电流高门槛并满足延时要求
状态转换过程失败	隔直装置每天会对过电压快速旁路系统进行一次小能量过电压旁路启动试验，以保证过电压快速旁路系统在电容接地运行模式时可靠工作。如果试验失败，自动或手动操作均不能使装置进入电容接地运行状态	此时在信息栏会提示操作失败的原因。运行维护人员应通知厂方处理，并通过 Email 将操作记录发给厂方分析原因

4.6 直流偏磁抑制装置典型故障案例

4.6.1 典型故障一：隔直装置电流突变异常分析

1. 缺陷情况描述

2017年8月20日，某特高压变电站一条500kV线路发生C相瞬时接地故障（近区2.4km，故障电流47kA）。此为近距离故障，故障电流大，主变中性点电流足够大，致使1号、2号主变中性点隔直装置的快速旁路开关动作，改为直接接地运行。系统故障电流消失后，经延时，1号主变中性点隔直装置恢复电容接地方式运行，2号主变中性点隔直装置未能自动恢复至电容接地运行方式。

2. 处理过程描述

经现场检查发现，隔直装置测控模块失电，从而无法读取动作时的相关装置信息。隔直装置总电源正常，屏后测控装置空开跳开，但现场试合失败。将测控装置电源板接线拆除后，空开试合成功，因此可判定为电源板损坏。更换新的电源板后恢复正常。

3. 缺陷原因分析

进一步检查发现测控装置电源回路电阻仅0.9Ω，怀疑电源板在电网故障隔直电容两端电压升高时被击穿损坏。

4. 建议与措施

针对以上问题提出改进措施：隔直装置测控模块设计时必须选用质量优良的电源板，确保在系统故障电压波动时电源板不至于被击穿，保证在发生系统接地故障时隔直装置快速旁路开关能够正确动作直接接地，故障消失后变压器中性点可自动恢复电容接地。

4.6.2 典型故障二：隔直装置直流电源空开跳开故障

1. 缺陷情况描述

220kV某变电站2号主变隔直装置，后台报“#2主变中性点隔直装置失电”故障信号，运维人员现场检查发现隔直装置直流电源空开跳开，试合不成功，有严重的焦味，且隔直装置液晶界面显示“快速开关断开执行回路故障”信息。

2. 处理过程描述

经运维人员许可后，检修人员来到现场检查，此时焦味已散去，并且未发现明显绝缘烧毁现象。进一步检查发现该隔直装置的装置电源与控制回路电源共用一个空开，因此当直流电源空开跳开后，无法执行快速开关断开操作。

初步怀疑是隔直装置电源板插件损坏，导致直流电源空开跳开。检修人员换上新的同型号电源插件板后，经过 20s 左右，直流电源空开再次跳开。排除不是电源插件板故障后，又逐一试插、检查了传感器检测插件板、开关量输入输出插件板、控制插件板、录波插件板，均未发现故障。

考虑到该隔直装置的控制电源与装置电源共用一组直流电源，检修人员接下来排查是否是控制回路上出现了短路故障。

控制回路见图 4-36，远方跳闸或就地跳闸回路导通驱动跳闸继电器 2ZJ 动作。跳闸继电器接点示意图见图 4-37，2ZJ 提供一副常开接点与跳闸电机控制回路串联，跳闸电机控制回路见图 4-38。经检查 2ZJ 跳闸继电器并未损坏，相关二次回路也并未出现短接现象。

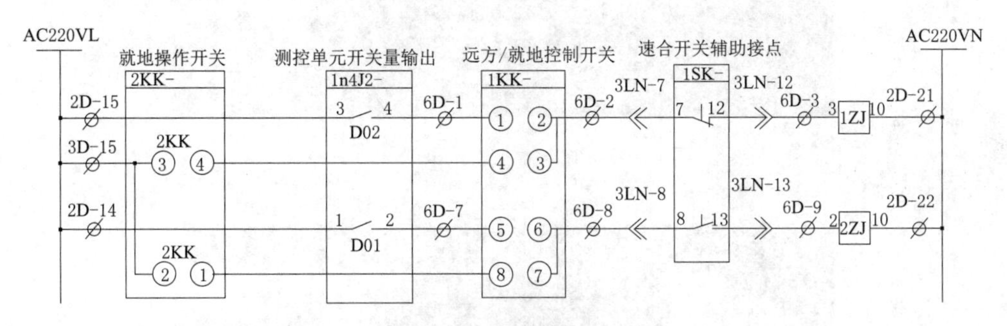

图 4-36 控制回路

跳闸电机控制回路中，跳闸继电器常开接点通过航空插头线 3LN-4 与跳闸电机串联，检修人员将端子排 6D-11 上的航空插头线 3LN-4 拆下（航空插头连接电缆 3LN-4 见图 4-39），合上隔直装置的电源空开后，电源空开并未跳开，进而确定故障出现在一次系统内，隔离故障点后，2 号主变隔直装置二次部分已正常。

检修人员将跳闸电机拆下，经检查发现跳闸线圈出线处绝缘老化，直流短路烧毁了电机，跳闸电机见图 4-40。

检修人员换上新的跳闸电机，并且将隔离故障所拆下的 3LN-4 电缆接回原处后，合上电源空开，隔直装置正常运行，并且可以成功执行快速开关断开操作。

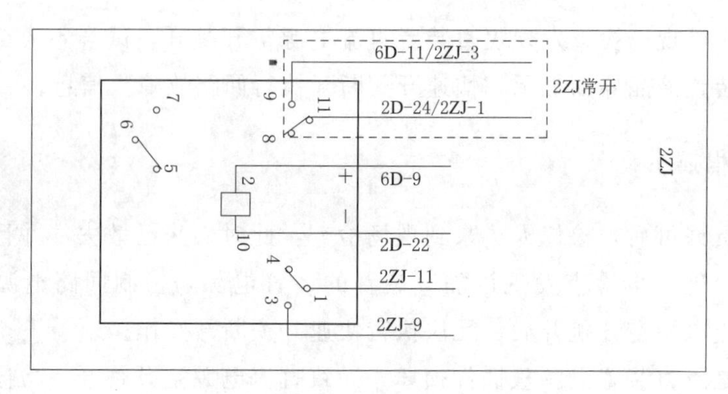

图 4-37　跳闸继电器接点示意图

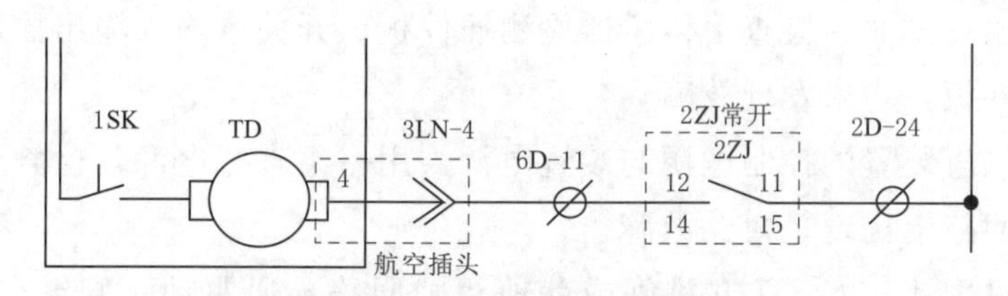

图 4-38　跳闸电机控制回路

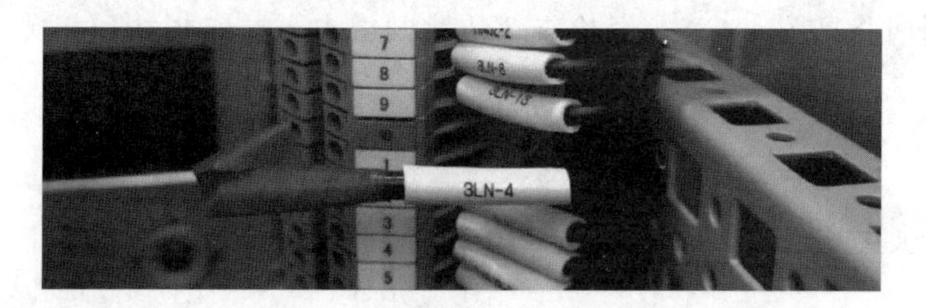

图 4-39　航空插头连接电缆 3LN-4

图 4-40　跳闸电机

3. 缺陷原因分析

综上所述，跳闸电机的线圈出线处电线绝缘老化，是直流短路跳开直流电源空开，造成装置失电，同时无法执行快速开关断开操作的主要原因。其次，现场检查发现，天气炎热，而隔直装置所在的集装箱中空调并未打开，箱内温度较高，导致绝缘老化的电线更容易短路。

4. 建议与措施

（1）要及时更换老旧设备。部分设备电线绝缘老化，夏天到来气温上升，容易出现短路故障。

（2）夏天来临，须加强设备巡视，确保空调正常运行。

（3）装置电源与控制电源共用一组直流电源，会给故障定位带来一定困难，宜分两组空开。

4.6.3 典型故障三：隔直装置电流突变异常分析

1. 缺陷情况描述

220kV某变电站监控后台3号主变中性点隔直电流越限，10：37越限值－12.48A，10：48越限值－13.18A，均在10s左右后自动恢复正常。

2. 处理过程描述

检修人员现场检查隔直装置，发现越限主变及相邻变压器无任何异常声音，用钳形电流表测量中性点电流均在0A左右，证明变压器运行正常，系统中无直流串入变压器。

现场调阅3号主变隔直装置历史曲线（3月24日10：00—11：59），确认10：48和10：37两个时间点有电流突变，中性点直流电流为－26.5A，直流辅助测量为－0.04A，两个中性点直流采样值偏差较大。

在隔直装置电容常投状态下，直流电流突变可能的原因有：隔直电容短路故障；霍尔传感器故障；电流测量回路故障。根据现场两个霍尔传感器的测量电流以及钳形电流表实测电流判断，隔直电容无短路故障，异常原因在霍尔传感器或电流测量回路。

主霍尔传感器共有两路输出，一路供隔直装置使用，另一路通过变送器、测控装置传输至监控后台。辅霍尔传感器只供隔直装置使用。

经上述分析，3号主变中性点直流电流突变，且同时发生在主霍尔传感器传输的隔直装置和测控装置中，从而判断引起电流突变的异常设备范围为主传感器至变送器及隔直装置采样插件的公共回路。

现场将主辅传感器上的插拔式接线端子调换，隔直装置显示主传感器电流为－0.11A，与监控后台一致，而辅助传感器电流变为－96.53A，即确认主霍尔传感器故障。

3. 缺陷原因分析

隔直装置一旦发生中性点直流电流越限告警，可现场查看隔直装置上的两路电流数值是否基本一致。

（1）如果一致，可使用钳形电流表测量中性点电流，判断隔直电容是否短路故障。

（2）如果相差较大，可以调换主辅霍尔传感器的插拔式接线端子，看电流是否同时发生对应变化，可判断传感器是否故障。

4. 建议与措施

该霍尔传感器的输出电流既供运检人员监控使用，也为控制装置提供电流参数。鉴于该传感器的重要性，发生故障后必须快速更换，而隔直装置退出运行的前提条件是直流输电系统无单极大地运行，所以需要尽量减少更换的时间。

由于该霍尔传感器为闭环结构，需要拆除中性点连接排方可更换，处理方案如下：

（1）结合主变停电更换该电流传感器。

（2）主变运行方式下，为避免主变中性点失去接地，须将该主变中性点隔直装置退出运行（中性点通过旁路直接接地）。隔直装置退出运行后，为保证变压器无直流偏磁影响，需要保证直流系统无单极大地运行。

4.6.4 典型故障四：快速开关断开执行回路故障

1. 缺陷情况描述

6月20日，某变电站2号、3号主变中性点隔直装置故障动作，现场检查2号、3号主变中性点隔直装置显示“快速开关断开执行回路故障”，现场复归后故障消除。显示屏上快速开关重复断合数次，但快速开关实际为断开状态。

2. 处理过程描述

检修人员前往处理，现场检查隔直装置，查看运行日志发现自6月20日后未再产生告警信号，每日快速开关位置采样信号皆正确。检修人员对快速开关进行重复操作，开关分合闸都能正确动作且位置采样信号均正确。

隔直装置上告警信号为“快速开关断开执行回路故障”，联系厂家表示快速开关正常状态为分位，只有在变压器遭受近区故障，零序电流过大（可能造成隔直装置电容损坏时），快速开关才会自动合闸将变压器中性点直接接地以保护隔直电容，而在零序电流下降至一定值后隔直装置系统即会自动分闸快速开关，恢复电容接地状态。因此该故障信号“快速开关断开执行回路故障”应为系统判定快速开关合闸后，发送分闸指令但快速开关并未执行时发出该告警信号。

检修人员现场模拟在分闸状态下通过短接快速开关“合位”位置信号，一定延时后装置再次出现“快速开关断开执行回路故障”告警，与此前逻辑分析和故障信号一致。

初步判断缺陷原因为快速开关隔直装置误判快速开关在“合位”，分闸未成功造成该缺陷。鉴于该故障此前重复发生，检修人员认为存在 2 种可能原因：一是快速开关的位置辅助开关绝缘不良引起误发合闸信号；二是隔直装置系统内部板件故障导致隔直装置判断“快速开关实际位置”错误。

对该快速开关的位置辅助开关进行检查，从外观上看并无异常，接点无粘连；用万用表测得其在分合闸状态下切换正确，辅助节点通断均正确。为防止重复停电消缺，现场检修人员更换了快速开关的位置辅助开关，更换位置辅助开关后，对快速开关重复操作，动作均正常，且信号指示正确。

3. 缺陷原因分析

综上所述，缺陷原因可能为快速开关的位置辅助开关故障或隔直装置控制系统故障，导致装置误认为快速开关在“合位”，下达断开指令，但快速开关实际已经在分闸状态，不能再分闸，从而引起“快速开关断开执行回路故障”告警。

4. 建议与措施

（1）做好备品准备工作，提前购置隔直装置开入板备品。

（2）如更换备品后正常则说明故障原因即为辅助开关引起；如今后仍出现相同故障，请运维人员用万用表测量快速开关辅助接点直流电压，如为 24V 则判断快速开关辅助接点为断开，如为 0～1V 则判断快速开关辅助接点为闭合，方便进一步处理；要对该隔直装置加强跟踪观察，如再发生同样缺陷及时安排检查处理。

第 5 章　直流系统单极大地回线运行方式特征及应对方法

5.1　高压直流输电系统运行方式

直流输电就是通过直流电的方式来实现电能的传输。目前，电力系统中的发电和用电主要以交流电为主，如果要采用直流输电则必须进行交、直流电的相互转换。因此，直流输电需要在送电侧将交流电转换成直流电，即整流。同时在受端又需要将直流电转换为交流电，即逆变。在逆变为交流电后，才能将电能送到受端交流系统中。

5.1.1　两端直流输电系统

两端直流输电系统主要由整流站、逆变站以及直流输电线路三个部分组成，其结构原理见图 5 - 1。能够实现功率反送功能的两端直流系统换流站既可当做整流站运行，又可当做逆变站运行。在功率反送时，整流站以逆变方式运行，而逆变站则运行在整流模式。换流站的主要设备有换流变压器、换流器、平波电抗器、直流滤波器、交流滤波器、无功补偿设备、接地极线路、接地极、控制保护装置、远动通信系

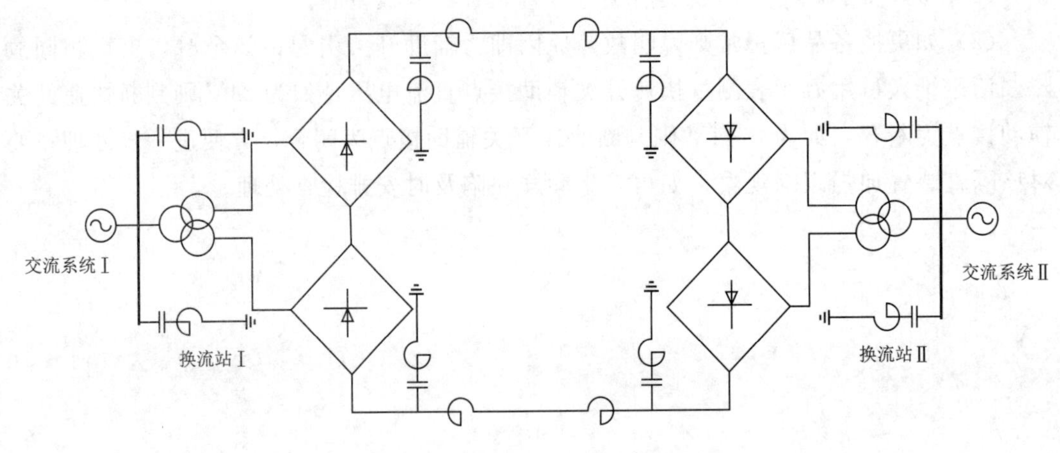

图 5 - 1　两端直流输电系统原理图

统等。

直流变电站内所使用的换流器通常采用12个或6个换流阀所构成的12或6脉动换流器。早期，直流变电站工程中曾采用汞弧阀换流，但在20世纪70年代以后均替换为晶闸管换流阀。晶闸管本身是不具备自关断能力的低频半导体器件，它只能实现电网换相换流器。目前，在实际应用中的直流输电工程以这种电网换相换流器为主，只有一些小型、轻型的直流输电工程中由采用绝缘栅双极晶体管组成的电压源换流器实现换流。直流输电工程中使用的晶闸管分为电触发晶闸管和光直接触发晶闸管两种。其中，晶闸管换流阀由许多个晶闸管元件串联所组成。目前在运行的换流阀中，最大容量的换流阀规格为250kV、3000A。另外，按照当前技术水平和制造能力，可实现规格为200kV、40000A的换流阀，以满足高压直流输电的需要。

换流变压器能够实现交流与直流侧的电压匹配和电隔离，并且，换流器可以限制短路电流。换流变压器结构包括三相三绕组、三相双绕组、单相三绕组和单相双绕组四种类型。其中，换流变压器阀侧绕组所承受的电压是直流电压叠加交流电压，并且，在两侧绕组中还具有一系列的谐波电流。因此，目前运行的换流变压器在设计、制造和运行阶段均与普通电力变压器有较大差距。

平波电抗器、直流滤波器的主要功能为直流侧滤波，同时它还具有防止输电线路上的陡波串入换流站、避免直流电流断续、提升逆变器换相成功率等功能。

换流器在运行时，在换流器交流侧与直流侧均可能产生一系列谐波，导致两侧波形畸变。为了避免这种情况发生，提高滤波效果，需要在换流器两侧分别装设交、直流滤波器。由晶闸管换流阀构成的电网换相换流器在正常运行中将会吸收直流传输总功率30%～50%的无功功率。因此，在直流换流站中，除了交流滤波器所提供的无功以外，有时还需额外装设各种无功补偿装置，包括调相机、电容器或者静止无功补偿装置等。

控制保护装置是换流系统的核心，是其实现直流输电正常启停、运行、自动调节、故障处理与保护等功能的核心设备，它对直流输电系统的正常运行及其可靠性有着重要的作用。在20世纪80年代以后，控制保护装置由高性能处理器构成，这也大大提升了直流输电系统的运行性能。

同时，为了利用大地或海水组成回路，提高直流输电系统的灵活性及可靠性，两端换流站还需配备接地极和接地极线路。换流站的接地极在选择时往往是考虑长期通过运行的直流电流，因此，它不同于通常变电站的安全接地，它需要考虑对地电流在接地极附近对地下金属管道的电腐蚀，以及由于对地电流导致的中性点接地变压器直流偏磁，进而引发变压器饱和等问题。

两端交流系统给换流器提供换相电压和电流，同时它也是直流输电的电源和负荷。一方面，交流系统的强弱、系统结构和运行性能对直流输电系统的设计和运行均有较大的影响；另一方面，直流系统运行性能的好坏，也直流影响两端交流系统的运行性能。

两端直流输电系统可分为单极系统、双极系统和背靠背直流系统三种类型。

1. 单极系统

单极系统主要包括单极大地回线系统和单极金属回线系统两种，两种系统的接线示意图见图5-2、图5-3。大地回线系统利用大地或海水作为返回线，仅需要一根输电线路作为极导线；单极金属回线输电系统则有一根高压极导线和一根低压返回线所组成。两者主要区别在于接地极中流过的电流不同。大地回线系统中接地极中长期流过额定电流，而金属回线系统接地极无直流电流过，其直流侧接地属安全接地性质。

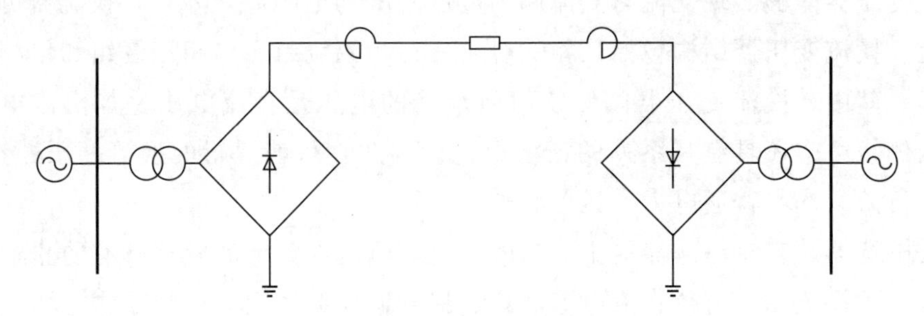

图5-2 单极大地回线系统接线示意图

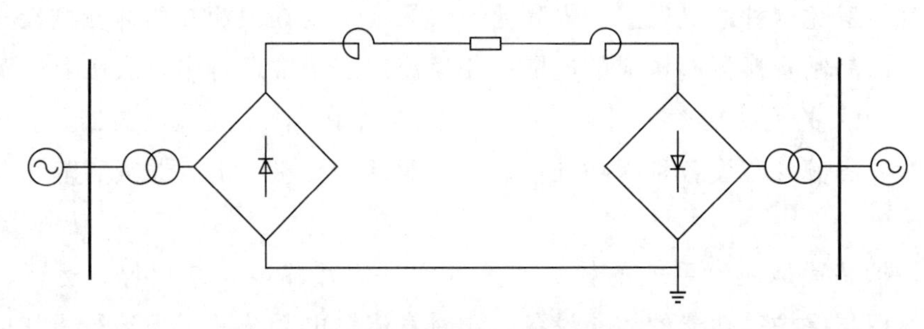

图5-3 单极金属回线系统接线示意图

2. 双极系统

双极系统的接地方式见图5-1，采用两端中心点接地的方式。双极系统由两个单极大地回线接地系统构成，两个单极系统可单独运行，地线中流过的电流为两极电流之差。在正常运行时，接地极中流过的不平衡电流很小，为额定电流的1%左右；但是当其中某一极故障停运后，系统自动切换为单极大地回线运行方式，系统依然保持至少一半的功率输送能力，从而提升了系统的运行可靠性。双极系统还支持工程分期建设。

3. 背靠背直流系统

背靠背直流系统原理图见图 5-4，这是一种无直流输电线路的特殊两端直流系统。背靠背直流系统主要用于两个非同步运行不同频率或频率相同但非同步的交流系统之间的联网或送电。与其他直流系统不同的是，背靠背直流系统中的整流设备与逆变设备通常安装在同一个换流站内，这种换流站又称为背靠背换流站。这种结构的主要特点是直流侧电压低、电流大，并且可充分利用大截面晶闸管的通流能力而节省直流滤波器。因此，背靠背换流站建设成本较低，相较于传统换流站，其建设成本可降低 15%～20%。

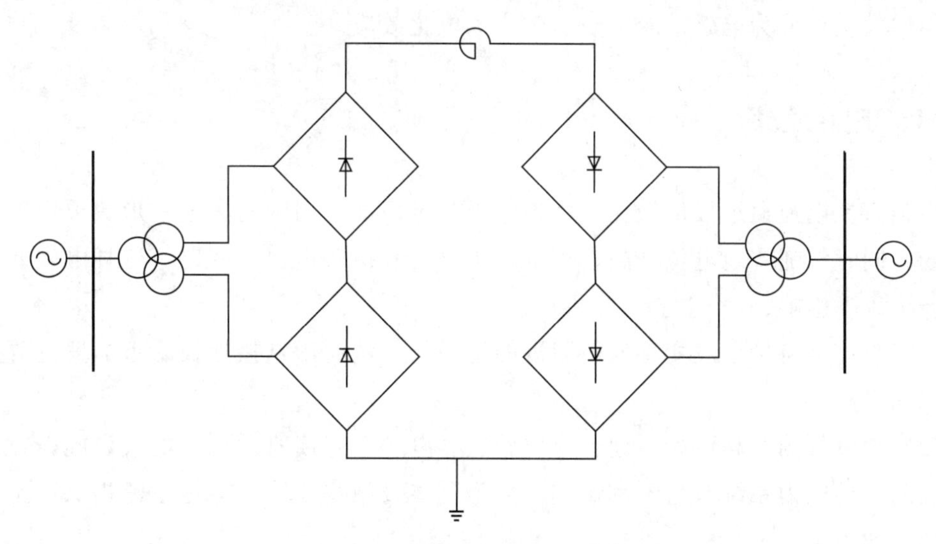

图 5-4　背靠背直流系统原理图

5.1.2　多端直流输电系统

多端直流输电系统是指系统由三个或三个以上换流站及其所连接换流站之间的高压直流输电线路所组成，整个直流系统与交流系统存在三个或三个以上连接端口。相较于双端直流输电系统，多端直流输电系统可以解决断电源或多落点受电的问题，并且可将多个交流电网分割，使其变成多个孤立的交流系统，避免大系统运行风险。多端直流输电系统中，各个换流站即可作为整流站运行也可作为逆变站运行，系统整体功率保持一致。因此，多端系统虽然经济性高，但是操作和控制逻辑比较复杂，在世界上运行的多端系统较少，包括意大利—撒丁岛三端小型和魁北克—新英格兰五端，此外，加拿大的纳尔逊河双极 1 和双极 2 以及美国的太平洋联络线直流工程也具有多端直流输电的运行性能。

5.2 直流输电单极大地回线运行的危害

单极系统的可靠性和灵活性不如双极系统，双极系统在实际工程中应用较多。双极系统由两个单极系统组成，可以独立工作，便于分期施工，同时，当第一极因故障停运时，可自动切换至另一个单极系统。因此，虽然目前设计的直流输电工程大多为单极直流输电，但实际运行中仍普遍采用单极系统的运行方式。单极大地回线的优点是明显的，但其可能产生的负面影响应引起足够的重视。直流强电流连续长时间流过接地极的效应可分为电磁效应、热力效应和电化效应。

5.2.1 电磁效应

当强直流电流通过接地极注入大地时，在电极部位周围的大地中形成恒定的直流电流场，同时伴随着地电位升高，产生跨步电压、接触电势等问题。这种电磁效应往往能产生以下影响：

（1）直流电流场会改变接地极附近的地磁场，从而影响接地极附近的罗盘等依赖地磁场的设施。

（2）地电位的升高可能对地下金属管道、电缆、有接地系统的电气设施，特别是接地极附近的电力系统产生不利影响。因为这些设施往往能为接地电流提供比土壤更好的放电通道。

（3）接地极附近地面出现跨步电压和接触电位，可能影响人身安全。因此，为了保证人身安全，接地极跨步电压必须控制在安全范围内。

（4）接地极引线的架空线或电缆是接地极的一部分，它将与换流站相连。在选择电极位置时，应综合考虑接地极引线的路径。目前，几乎所有的高压直流输电工程都采用 12 脉波变换器，它不仅能产生连续的直流电流，而且能产生 12 次、24 次、36 次等 12 倍的谐波电流。在单极接地回流方式下，当换流站中性点装有电容器或滤波器时，换流站产生的谐波电流将全部或部分流过接地极引线。谐波电流产生的交变磁场可能会对通信系统产生干扰。因此，为了减少接地极架空线路上的谐波电流对通信系统的电磁干扰，最有效的方法就是在选址建设时使架空线路远离通信线路。

5.2.2 热力效应

由于不同土壤电阻率的接地电极呈现不同的电阻率值，在直流电流的作用下，电极温度也会随之升高。当温度上升到一定程度时，土壤中的水分可能会蒸发，导致土壤电导率变差，电极热不稳定。在严重的情况下，土壤会烧结成几乎不导电的玻璃，电极就会失去功能。影响电极温升的主要土壤参数是土壤电阻率、导热系数、热容和湿度。因此，沿海电极地所在的土壤应具有良好的导电性和导热性、较大的热容系数和合适的湿度，以保证接地极在运行中具有良好的热稳定性。

5.2.3 电化效应

当直流电通过电解液时，电极上会发生氧化还原反应。电解液中的正离子移动到阴极，还原反应导致阴极与电子结合，负离子移动到阳极，通过向阳极提供电子引发氧化反应。地球上的水和盐相当于电解质。当直流电流入大地时，阳极会发生氧化反应，导致电极受到电腐蚀。电腐蚀不仅发生在电极上，而且还发生在埋在电极附近的地下金属设施以及附近的电力系统接地网上。

5.3 特高压直流系统单极大地回线运行方式应急预案

5.3.1 单极大地回线运行方式处理原则

为建立统一的直流偏磁监测网络及制定生产指挥体系下的直流偏磁发布、监测、处置等应急机制，需要梳理受直流偏磁影响的变电站清单，包括本省或邻省特高压直流系统发生单极大地回线运行时的偏磁影响变电站。同时，清单范围内变电站变压器均应具备偏磁电流在线监测功能。对于装设隔直/限流装置的，各相关单位应将隔直/限流装置监测画面接入生产指挥中心；若未装设隔直/限流装置，各相关单位应加装变压器中性点偏磁电流在线监测装置并接入状态信息接入控制器（CAC）。

各生产指挥中心在智能运检管控平台建设偏磁电流监测画面，监测清单范围内本单位变电站变压器中性点偏磁电流，具体原则如下：

（1）对于受直流偏磁影响的变电站清单中存在分层分区运行方式（变压器分列运行）的变电站，隔直/限流装置配置数量应满足接地点数量。

（2）应执行《国家电网公司变电运维管理规定（试行） 第19分册 中性点隔直装置运维细则》第1.1.3条“两台主变压器不应同时共用一台中性点电容隔直/电阻限流装置”的规定。

（3）对于隔直/限流装置配置数量暂不能满足接地点数量的分层分区变电站，在可能遭受偏磁电流影响情况下，应按照《特高压直流系统单极大地回线运行方式应急预案》执行。

（4）各相关单位应尽快增装监测偏磁电流大于20A以上的变压器隔直/限流装置及分层分区变电站不满足接地点数量的变压器隔直/限流装置。

5.3.2 单极大地回线运行方式应急预案

为降低特高压直流系统单极大地回线运行方式时变压器遭受直流偏磁的运行风险，完善生产指挥体系应急机制，提高处置效率，特编制《特高压直流系统单极大地回线运行方式应急预案》。预案分计划性和突发性单极大地回线运行方式两种情况。

1. 特高压直流系统计划性单极大地回线运行方式

（1）省检修公司换流站收到国调下达的单极大地回线运行方式预令（通知）后，应立即向省调、省检修公司生产指挥中心汇报相关情况（包括单极大地回线运行方式的预计开始及结束时间、作业内容、入地电流大小等），并由省检修公司生产运行指挥中心向主网运检管控中心汇报。

（2）主网运检管控中心应立即向各相关单位生产指挥中心发布预警信息，并做好与各单位、上下级之间的信息互通和联络沟通。

（3）相关单位生产指挥中心提醒相应调度监控查看隔直/限流装置是否处于投入状态，相关信号是否异常，同时核查隔直/限流装置运行状态及缺陷信息。

（4）对于以下三种异常情况，应按照下列原则进行处置：

1）由运行方式调整导致隔直/限流装置未投入。提醒相应调度按照隔直/限流装置退运预案采取措施，包括调整运行方式至正常运行方式、转移主变负荷等。

2）隔直/限流装置存在影响运行的缺陷。提升缺陷等级，按紧急缺陷尽快消缺。如果缺陷无法消除，通知相应调度按照隔直/限流装置退运预案采取措施，相应变电站恢复有人值班。

3）隔直/限流装置监控信号异常。通知各运维单位开展特巡，确认隔直/限流装置实际运行状态。

以上异常情况处置结果汇报至主网运检管控中心，并告知相应调度。

（5）换流站单极大地回线运行方式期间，各相应生产指挥中心监测隔直装置、电流监测装置的相关信息，对直流监测电流增长量大于12A以上的变压器，提醒调度按照《隔直装置运行检修及主变运行管理暂行规定》（浙电运检字〔2015〕11号）进行处置。以上异常情况处置期间，做好信息收集、上报和发布工作。

2. 特高压直流系统突发性单极大地回线运行方式

（1）省检修公司换流站收到国调下达的调整为单极大地回线运行方式通知后，应立即向省调、省检修公司生产运行指挥中心汇报相关情况（包括单极大地回线运行方式的预计时间、突发情况、入地电流大小等），并由省检修公司生产指挥中心立即向主网运检管控中心汇报。

（2）主网运检管控中心应立即向各相关单位生产指挥中心发布相关信息，并做好与各单位、上下级之间的信息互通和联络沟通。

（3）相关单位生产指挥中心提醒相应调度监控查看隔直/限流装置是否处于投入状态，相关信号是否异常，同时密切监视电流监测装置的相关信息并做好信息互通和联络沟通。

（4）对直流监测电流增长量大于12A以上的变压器，提醒调度按照《隔直装置运行检修及主变运行管理暂行规定》（浙电运检字〔2015〕11号）进行处置。对于隔直/限流装置监控信号异常情况，通知各运维单位开展特巡。以上异常情况处置期间，做好信息收集、上报和发布工作。单极大地回线应急机制流程图见图5-5。

5.4 特高压直流系统单极大地回线故障案例

在大地回线方式运行时，接地极为整个系统提供重要的回线通路。如果此时接地极发生故障，则会对整个系统产生巨大影响，甚至可能会影响大电网运行的稳定性和可靠性。为了减小接地极对换流站各种设备的影响，接地极往往设置在距离换流站几十至一百公里之间的某个位置。以宾金直流输电系统为例，宜宾站侧的接地极被设置在距离宜宾站101.062km处的位置。在系统双极运行时，流过接地极的电流很小，往往不超过十几安培。但是当系统单极大地回线运行时，流入接地极的电流往往高达上千安培，此时如果接地极发生故障，将产生巨大影响。而在目前的保护配置下，很难准确判断故障类型，当前配置的保护并不十分完善。因此，本节将从宾金直流输电系统的保护配置策略及事故实例出发进行分析，总结直流输电系统在单极大地回线运行方式下接地极线路故障类型特点及应对方法。

5.4.1 单极大地回线下接地极线路故障类型特点

在宾金直流系统采用直流大地回线的运行方式时，可将系统等效为图5-6所示的等效模型。根据图5-6，可对接地极线路短路及断线故障现象逐一进行分析。

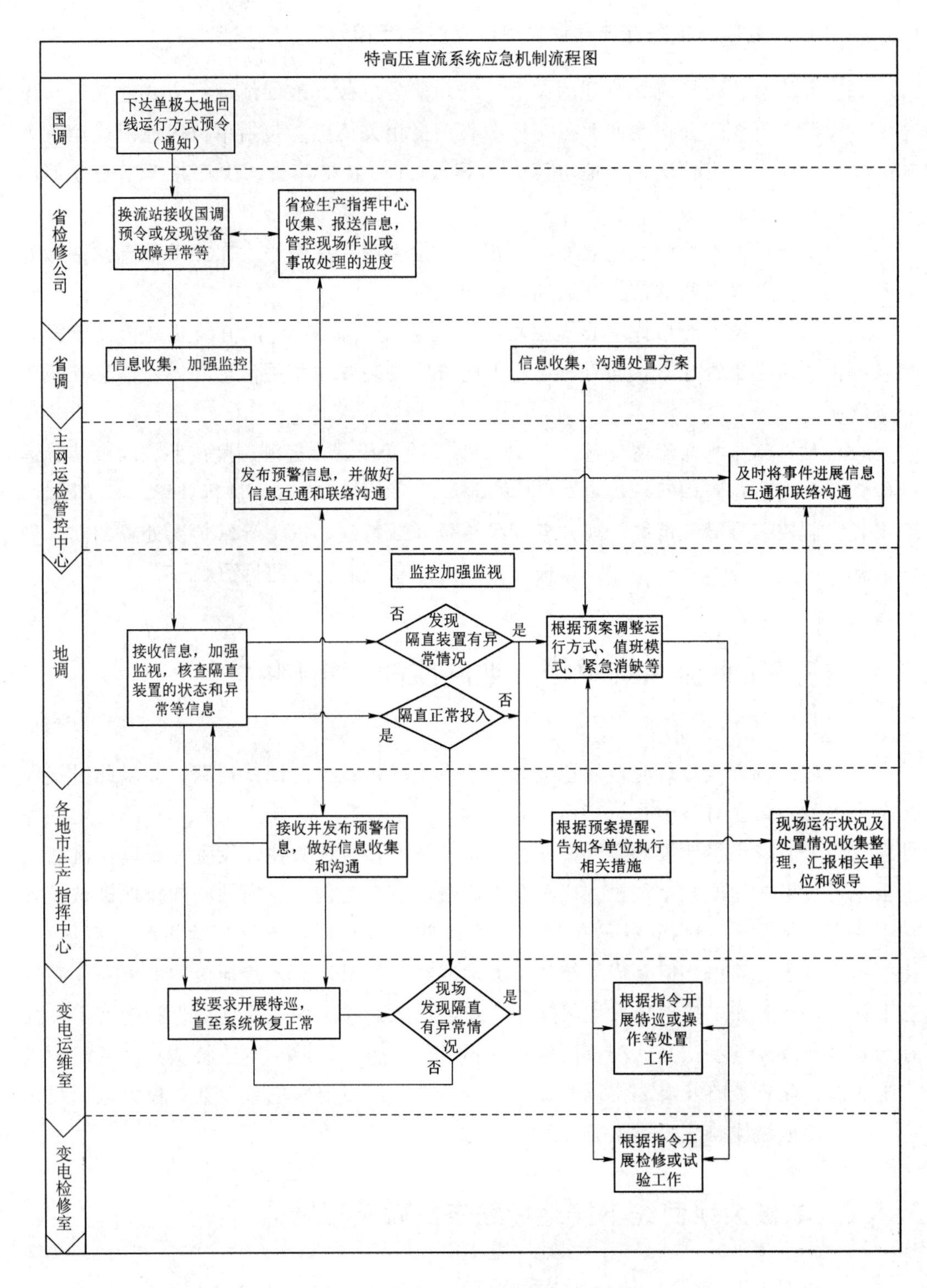

图 5-5　单极大地回线应急机制流程图

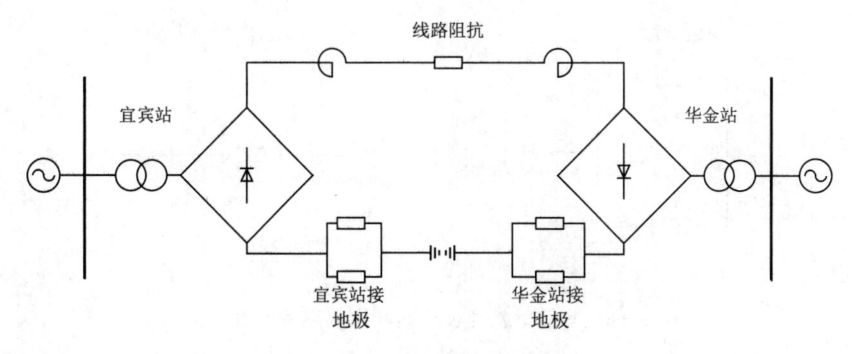

图 5-6　宾金回线等效模型

1. 当接地极线路发生接地故障时阻抗变化

宜宾站接地极的接地线路Ⅰ出现接地故障，见图 5-7，其中 Z_3 为接地点至宜宾站接地极出线的等值阻抗，Z_4 为接地点至接地极选址的线路等值阻抗，因此，$Z_3+Z_4=Z_1$。Z_{g0} 为接地点的等值阻抗。

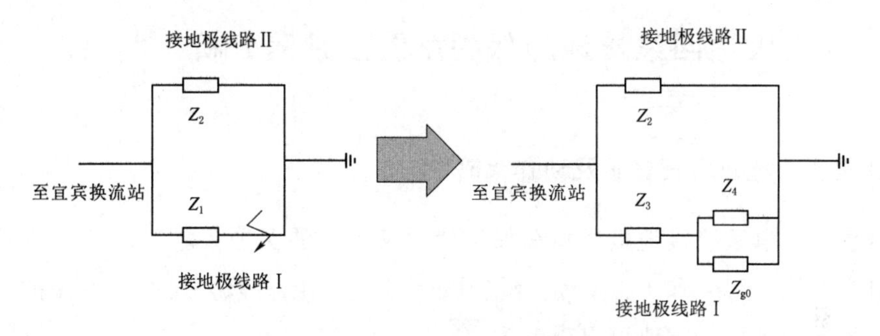

图 5-7　宜宾站接地极线路接地故障等效电路图

当宜宾站至接地极的接地线路Ⅰ出现接地故障时，无论是高阻还是低阻接地短路，总是存在 $Z_3+Z_4//Z_{g0}<Z_1$，因此，此时的接地极回路阻抗要小于故障前的回路阻抗。因此，在宜宾站接地极线路中发生接地故障之后，其线路阻抗及金华站附近的回路中电抗均没有变化，仅宜宾站接地极回路阻抗减少。整个直流输电系统等效阻抗减小，电流增大，这也导致两条接地极引线中存在较大的差流。

2. 接地极线路发生断线故障后接地极线路阻抗变化

当接地极线路发生断线故障后，宜宾站接地极线断线故障等效电路图见图 5-8。接地极线路总阻抗 $Z_2>Z$，Z 为未发生断线之前接地极总阻抗。

因此，宜宾站接地极线路断线时，宜宾站接地极回路阻抗增大，直流输电系统总阻抗增大，直流输电系统电流减小，因此金华站的线路阻抗和回路电抗保持不变。开路电流大，开路电流为 0。综上所述，当接地极系统发生接地或断线故障时，单极大

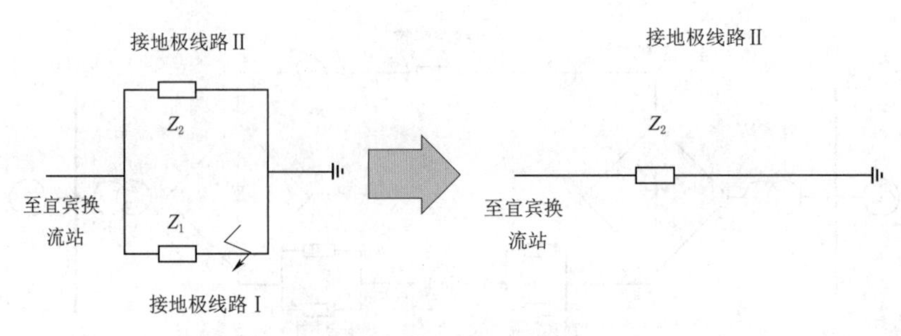

图 5-8　宜宾站接地极线路断线故障等效电路图

地回线下接地极引线接地和断线故障后直流系统电气量变化见表 5-1。

表 5-1　单极大地回线下接地极引线接地和断线故障后直流系统电气量变化

故障类型	直流系统中电流和电压变化	Ⅰ和Ⅱ线路电流差值
接地	直流电压下降，电流增大	两线路出现较大的差流
断线	直流电压升高，电流减小	两线路出现较大的差流

5.4.2　单极大地回线接地极保护配置及缺陷分析

1. 接地极引线过负荷保护及动作策略

宾金直流输电系统接地极过负荷保护使用某公司的保护策略，这种保护通过测量接地极引线电流（I_{DEL1} 和 I_{DEL2}）是否超过定值进行判断。该公司的这种保护具有定时限特性，其保护判据及定值可以设置为

$$|I_{DEL1}|>\triangle 1 \text{ 或 } |I_{DEL2}|>\triangle 1;\ I_{D\_NOM}=5000\text{A} \tag{5-1}$$

其中，典型定值为$\triangle 1=0.75\times I_{D_NOM}$。

宾金直流接地极引线过负荷保护配置及动作策略见表 5-2。

表 5-2　宾金直流接地极引线过负荷保护配置及动作策略

运行方式	定值设定	动作策略
任何方式	△>△1 时延时 0.5s	告警
单极运行	△>△1 时延时 120s	功率回降
双极运行	△>△1 时延时 120s	平衡双极运行

2. 接地极不平衡保护及动作策略

宾金直流输电系统接地极不平衡保护的工作原理以横联差动保护为基础，通过测量两条接地极直流回路上的电流差值来实现，当其中一根接地极线路发生接地或开路

时，就可以检测到较大的电流差流，当检测的不平衡值超过动作值之后，保护发出告警信号。动作判据为

$$I_{DEL\_DIFF}=|I_{DEL1}-I_{DEL2}|>\triangle 1;I_{D\_NOM}=5000A \quad (5-2)$$

典型定值为$\triangle 1=0.02\times I_{D_NOM}$

延时 1s，告警。其中，I_{DEL1}、I_{DEL2}分别为两条接地极引线的电流。

宾金直流接地极引线不平衡保护配置及动作策略见表 5-3。

表 5-3　宾金直流接地极引线不平衡保护配置及动作策略

运行方式	定值设定	动作策略
单极运行	△>△1 时延时 1s	告警
双极运行	△>△1 时延时 1s	告警

3. 目前接地极保护配置存在的缺陷

根据近年来接地极引线系统的运行情况，接地极引线发生率较高的故障是接地故障和断线故障。无论单极还是双极运行时发生断线或接地故障，线路均会出现直流不平衡保护，其故障处理方法都是发出报警。显然，这种配置方法并不合理，特别是当引线断线故障发生时，这种故障往往属于永久性故障，仅仅告警是不够的，还应该直接极闭锁。

从上面的分析可以看出，当一根接地线断裂时，它的主要特点是没有电流流过断裂的引线。当一条接地引线发生近场接地故障时，大部分电流会流入故障点，另一条线路的实测电流值会很小或接近于 0。在这两种故障的情况下，差动电流会表现出相似的特性，两条导线之间的电流差都很大。因此，直流系统现在运行的接地极保护判据不能准确判断发生的是断线故障还是接地短路故障。同时，当接地极线中的一根导线断裂时，会导致另外一根导线长时间过流，这种运行方式会严重影响设备的使用寿命，甚至进一步导致两根导线同时断裂。

宾金直流接地极过负荷及不平衡保护动作策略缺陷见表 5-4。

表 5-4　宾金直流接地极过负荷及不平衡保护动作策略缺陷

保护	动作判据	动作策略	故障类型
过负荷保护	$\|I_{DEL1}\|$或$\|I_{DEL2}\|>0.75I_{D_NOM}$	单极运行时延时 120s 功率回降； 双极运行时延时 120s 平衡双极	过负荷
双极运行	$\|I_{DEL1}-I_{DEL2}\|>0.02I_{D\_NOM}$	告警	断线或接地

4. 宾金直流接地极导线接地断线实例

自 2014 年 6 月以来，宾金直流已断开两次。第一次是宾金直流系统调试时的直

流偏磁试验。操作方式为单极大地回路，回路电流 4000A，接地线断开。故障发生后，现有接地保护下无不平衡保护和过载报警。第二次是 2015 年 7 月 13 日。宾金直流满载时，回线 2 极直流闭锁，宾金直流与复奉直流共用接地极线电流瞬间增大，导致 1 号接地极线过载断裂。中性极线操作过电压及直流系统电压和电流的变化及接地极引线断线故障后等效电路图见图 5-9 和图 5-10。

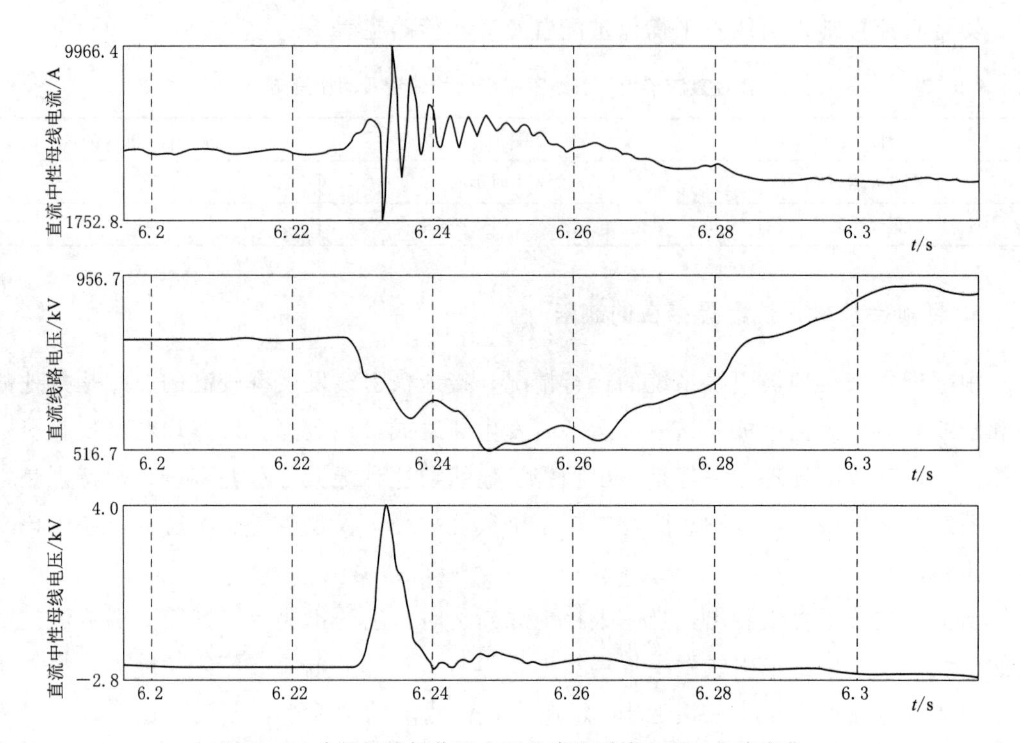

图 5-9　中性极线操作过电压及直流系统电压、电流变化

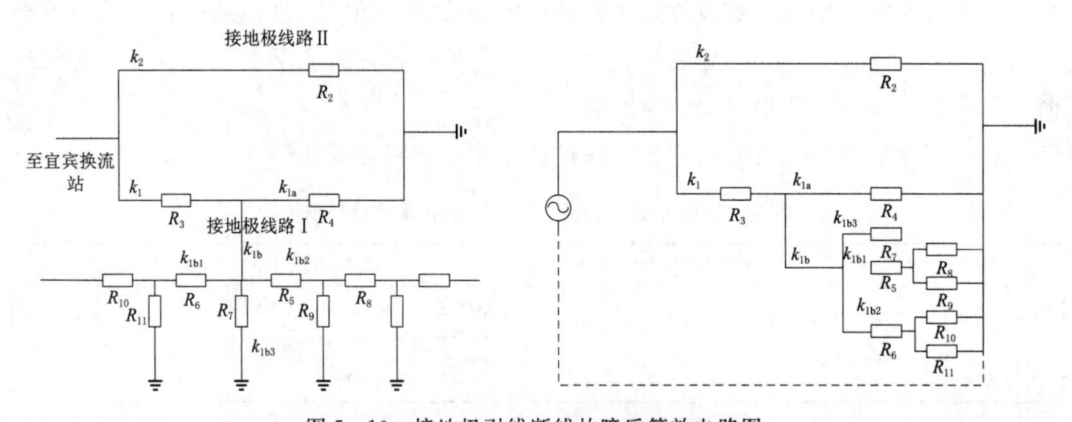

图 5-10　接地极引线断线故障后等效电路图

7 月 13 日事件中，宜宾站至共乐接地极之间的线路发生操作过电压，峰值高达 40kV，持续 12ms，11 号塔绝缘子串因此发生击穿，接地极电流流向接地线和杆塔，

在冲击力、张力和电流加热的共同作用下，过热的导线发生断裂。

由于流入接地极的电流为直流电，线路电抗很小，因此在计算时可忽略电抗，只考虑电阻。宜宾站接地极线路导体电阻为 0.0655Ω/km，避雷线电阻为 1.79Ω/km，11 号塔接地电阻约为 9Ω。计算流经避雷针和接地线的电流。由图 5-10 可知，各分支分布系数计算结果如下：

$$k_1=0.883;k_2=0.117$$

$$k_{1a}=0.117;k_{1b}=0.776$$

$$k_{1b1}=0.314;k_{1b2}=0.314;k_{1b3}=0.138$$

在 $I_{DNE}=6000A$ 时，计算结果为

流过避雷线的电流为 $k_{1b2}\times6000=1884A$

流过Ⅰ引线的电流为 $I_{DEL1}=k_1\times6000=5298A$

流过Ⅱ引线的电流为 $I_{DEL2}=k_2\times6000=702A$

对以上计算出的结果进行分析，结果与故障录波中记录的故障后的电流测量值相符，故障录波图见图 5-11。

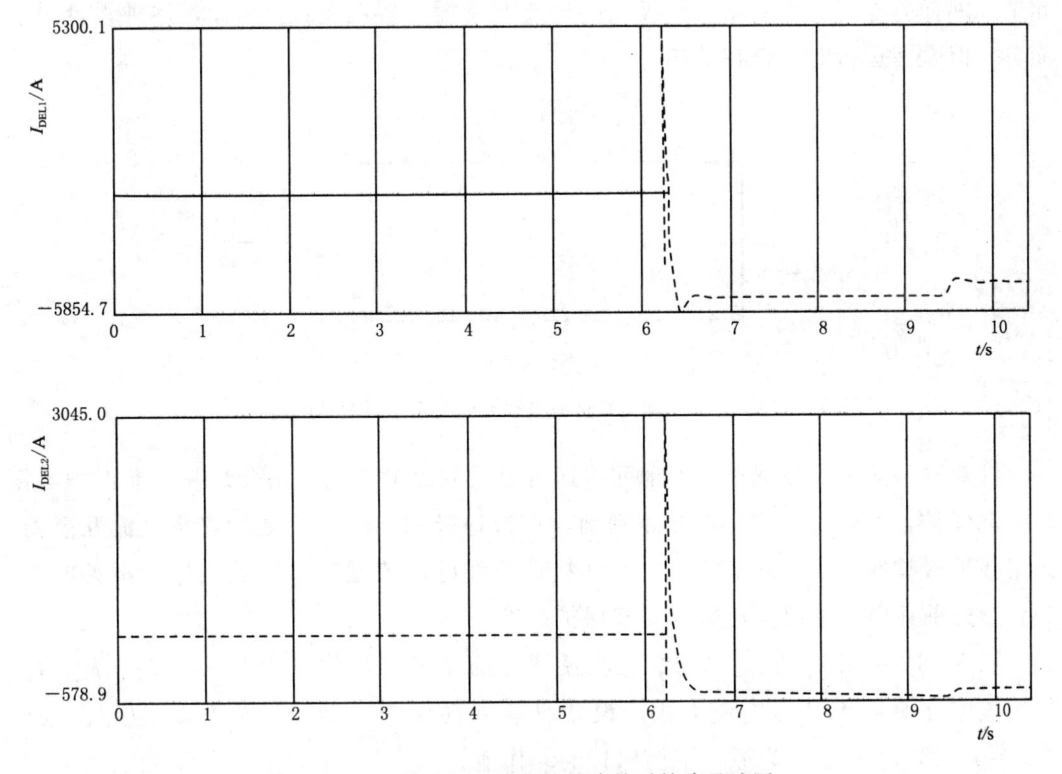

图 5-11　接地极引线断线故障前后故障录波图

根据宜宾站接地极电流保护配置策略，当线路电流大于额定电流的 75%，即 3750A 时，在单极接地回流线路运行方式下，已经满足过载保护动作判据，系统在延

时 120s 后启动，功率降低。现场接地极保护中实际动作的保护是过负荷保护和不平衡保护，保护发出报警，而没有降低功率。这说明过负荷保护整定不合理，延时过长。

综上可知，现行接地极系统保护策略主要存在以下问题：

（1）接地极不平衡保护的判据无法准确判断发生的是接地故障还是断线故障。

（2）接地极不平衡保护的保护动作策略不完善，在线路发生永久性断线故障或者瞬时接地故障时都只发出告警。

（3）在单极大地运行方式下，接地极过载过负荷保护时的动作延时太长。

5.4.3 单极大地回线保护改进方案及优化建议

通过上述分析可知，目前直流换流站中所配置的保护装置存在部分缺陷，无法满足正常的运行要求，其原因主要为当前使用的不平衡保护是从横联差动保护的原理进化而来的，因此在保护设计时仅仅在两条接地极引线的首端安装了电流互感器，并以此来判断横差电流。宜宾站接地极线路电流互感器配置图见图 5－12，这种设计虽然简单，但是在运行时却存在缺陷。

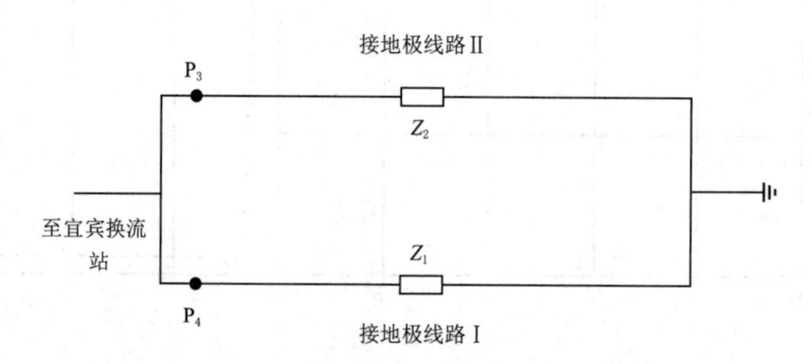

图 5－12　宜宾站接地极线路电流互感器配置图

针对这一问题，根据单极大地回线运行方式的故障特点，结合纵联差动保护与横联差动保护，综合进行接地极故障判别，在接地极的前端与后端均安装电流互感器，采集接地极首端与末端的电流，宜宾站接地极线路电流互感器配置改进方案见图 5－13，通过前后电流的综合比较，实现保护的综合判定。

图 5－13 中 P_1、P_2、P_3、P_4 电流互感器的测量电流值分别为 I_1、I_2、I_3、I_4，根据电路互感器不平衡电流大小，设置纵联差动保护的动作值为 I_{set1}、I_{set2}。其中 $I_{set2}=0.02\times I_{DL\_NOM}$，为原不平衡保护的动作值。

在接地极线路发生接地故障时：如果 $|I_1-I_2|>I_{set1}$，可以判定为接地极引线Ⅰ中发生了接地故障；如果 $|I_3-I_4|>I_{set1}$，可以判定为接地极引线Ⅱ中发生了接地短路故障；如果 $|I_1-I_2|>I_{set1}$ 且 $|I_3-I_4|>I_{set1}$，可以判定为接地极发生了双引线接地

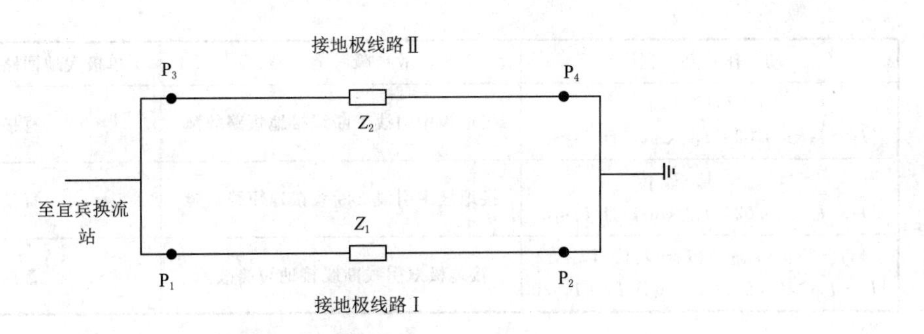

图 5-13　宜宾站接地极线路电流互感器配置改进方案图

故障。

当接地极线路发生断线故障时：如果$|I_1-I_3|>0.02\times I_{DL_NOM}$，且$I_1=I_2\approx 0$，可以判定为接地极引线Ⅰ重发生了断线故障；如果$|I_1-I_3|>0.02\times I_{DL_NOM}$，且$I_1=I_4\approx 0$，可以判定为接地极引线Ⅱ中发生了断线故障；如果$|I_1-I_2|>I_{set1}$，$|I_3-I_4|>I_{set1}$，且$I_2=I_4\approx 0$时，可以判定为接地极引线发生了双断线故障。

当接地极线路发生复杂故障时：如果$|I_1-I_2|>I_{set1}$，$|I_1-I_3|>0.02\times I_{DL_NOM}$，且$I_2\approx 0$时，可以判定为接地极引线Ⅰ发生了断线接地短路故障；如果$|I_3-I_4|>I_{set1}$，$|I_1-I_3|>0.02\times I_{DL_NOM}$，且$I_4\approx 0$时，可以判定为接地极引线Ⅱ发生了断线接地短路故障；如果$|I_1-I_2|>I_{set1}$，$|I_3-I_4|>I_{set1}$，$|I_1-I_3|>0.02\times I_{DL_NOM}$且$I_2=I_4\approx 0$时，可以判定为接地极发生了双引线断线接地短路故障。

在前文的分析中可知，目前采用的接地极保护策略在某些情况下无法满足运行需求，因此在单极大地回线运行方式下，如果发生接地极引线断线的情况，直接闭锁直流；而发生接地极线路短路的情况时，由于短路多为瞬时故障，因此可以通过移相重启的方式，使直流系统在停运后自行灭弧，提高运行可靠性。如果移相重启不成功，则直接闭锁直流。优化方案判据及建议动作策略见表 5-5。

表 5-5　优化方案判据及建议动作策略

动作判据	故障类型	单极大地回路运行下动作策略
$\|I_1-I_2\|>I_{set1}$	接地极中引线 1 接地故障	移相启动，启动不成功时闭锁直流
$\|I_3-I_4\|>I_{set1}$	接地极中引线 2 接地故障	移相启动，启动不成功时闭锁直流
$\|I_1-I_2\|>I_{set1}$ $\|I_3-I_4\|>I_{set1}$	接地极双引线接地故障	移相启动，启动不成功时闭锁直流
$\|I_1-I_3\|>0.02\times I_{DL\_NOM}$， 且$I_1=I_2\approx 0$	接地极中引线 1 断线故障	直接极闭锁
$\|I_1-I_3\|>0.02\times I_{DL\_NOM}$， 且$I_1=I_4\approx 0$	接地极中引线 2 断线故障	直接极闭锁
$\|I_1-I_2\|>I_{set1}$，$\|I_3-I_4\|>I_{set1}$， 且$I_2=I_4\approx 0$	接地极双引线断线故障	直接极闭锁

续表

动 作 判 据	故 障 类 型	单极大地回路运行下动作策略
$\lvert I_1-I_2\rvert>I_{set1}$，$\lvert I_1-I_3\rvert>0.02\times I_{DL\_NOM}$，且 $I_2\approx0$	接地极中引线 1 断线接地短路故障	直接极闭锁
$\lvert I_3-I_4\rvert>I_{set1}$，$\lvert I_1-I_3\rvert>0.02\times I_{DL\_NOM}$，且 $I_4\approx0$	接地极中引线 2 断线接地短路故障	直接极闭锁
$\lvert I_1-I_2\rvert>I_{set1}$，$\lvert I_3-I_4\rvert>I_{set1}$，$\lvert I_1-I_3\rvert>0.02\times I_{DL_NOM}$且 $I_2=I_4\approx0$	接地极双引线断线接地短路故障	直接极闭锁

参 考 文 献

[1] 尹积军，夏清. 能源互联网形态下多元融合高弹性电网的概念设计与探索 [J]. 中国电机工程学报，2021，41 (2)：486－497.

[2] 周兵凯，杨晓峰，李继成，农仁飚，陈骞. 多元融合高弹性电网关键技术综述 [J]. 浙江电力，2020，39 (12)：35－43.

[3] 刘俊杰，李琨，陈沧杨，李煜鹏，刘鑫. 特高压直流输电系统接地极线路保护配置方案优化建议 [J]. 四川电力技术，2017，40 (1)：89－94.

[4] 王洪亮. 高压直流输电单极大地回线方式运行时接地极电流的研究 [D]. 成都：西南交通大学，2007.

参考文献

[1] [illegible]

[2] [illegible]

[3] [illegible]

[4] [illegible]